江苏省水利工程勘测设计新技术应用汇编

2018/2022

江苏省水利勘测设计协会 ▪ 编

江苏大学出版社
JIANGSU UNIVERSITY PRESS
镇 江

图书在版编目(CIP)数据

江苏省水利工程勘测设计新技术应用汇编 : 2018-2022 / 江苏省水利勘测设计协会编. -- 镇江 : 江苏大学出版社, 2023.3
ISBN 978-7-5684-1976-5

Ⅰ. ①江… Ⅱ. ①江… Ⅲ. ①水利水电工程 — 水利工程测量 — 江苏 — 2018-2022 — 文集 Ⅳ. ①TV221-53

中国国家版本馆 CIP 数据核字(2023)第 038571 号

江苏省水利工程勘测设计新技术应用汇编：2018—2022

编　　者/江苏省水利勘测设计协会
责任编辑/汪再非
出版发行/江苏大学出版社
地　　址/江苏省镇江市京口区学府路 301 号(邮编：212013)
电　　话/0511-84446464(传真)
网　　址/http://press. ujs. edu. cn
排　　版/镇江文苑制版印刷有限责任公司
印　　刷/镇江文苑制版印刷有限责任公司
开　　本/787 mm×1 092 mm　1/16
印　　张/11. 25
字　　数/200 千字
版　　次/2023 年 3 月第 1 版
印　　次/2023 年 3 月第 1 次印刷
书　　号/ISBN 978-7-5684-1976-5
定　　价/65. 00 元

如有印装质量问题请与本社营销部联系(电话:0511-84440882)

《江苏省水利工程勘测设计新技术应用汇编：2018—2022》
编 审 委 员 会

前　言

为了加强江苏省水利勘测设计协会会员之间的技术交流，江苏省第二届水利勘测设计协会将协会评审的获奖项目名单进行了整编，并请部分获得一等奖的单位将获奖成果进行了展示，展示内容主要包括工程概况、项目特点及关键技术、先进性和主要创新点等，以宣传、推广获奖项目的先进技术和创新理念，推动江苏省水利行业的技术进步，引导和激励水利勘测设计单位不断推出更多更好的勘测设计成果。

2022 年 7 月，江苏省水利勘测设计协会印发征集科研论文的通知，得到了会员单位的积极响应，广大科技人员认真撰稿和投稿。本书编审委员会从收到的稿件和协会组织的学术交流论文中优选了部分论文进行汇编，论文内容涉及水利综合规划及专业规划的分析与思考、水利工程设计及生态环境治理的实践创新与经验总结、工程勘测及智慧水利建设的工程建设方案和新技术及其应用等。这些论文的汇编成册有助于水利行业专业技术人员更好地学习、交流与借鉴，提高水利工程勘测设计水平，助力江苏省水利工程建设高质量发展。

在本书的征稿和汇编过程中，我们得到相关领导和会员单位的大力支持，在此表示衷心感谢！由于编审者能力所限，书中难免有疏漏，敬请广大读者批评指正。

江苏省水利勘测设计协会

2022 年 12 月

目　　录

一、江苏省优秀水利工程勘测设计奖获奖项目

2019年度江苏省优秀水利工程勘测设计奖获奖名单 ………………（2）

第二届江苏省优秀水利工程勘测设计奖获奖名单 ………………（8）

第三届江苏省优秀水利工程勘测设计奖获奖名单 ………………（15）

二、优秀勘测设计奖项目展示

淮河入江水道石港泵站更新改造工程 ………………（22）

新沟河江边枢纽工程 ………………（24）

扬州市瓜洲泵站工程 ………………（27）

大丰王港闸下移工程 ………………（29）

京杭大运河苏州段堤防加固工程初步设计 ………………（32）

淮安市清浦区杨庙泵站更新改造工程初步设计 ………………（36）

江苏省秦淮河地区水利治理规划 ………………（39）

三、优秀论文选编

江苏省新时期淮河治理与保护展望

／张亚中，王钧，朱大伟 ………………（42）

太湖通江大型水利枢纽工程关键技术

／高兴和，吴忠，陈晔 ………………（50）

新形势下江苏省海堤调整及建设思路探讨

／甄峰，翟高勇，徐欢，沈颖，黄苏宁 ………………（59）

长江流域特枯水情的形成特征及对长江河口影响初探
/ 陶晓东 ………………………………………………………… (67)
水上城楼·传承创新
——扬州瓜洲泵站水工程与水文化融合的思考与实践
/ 焦建华，施颖，王灿，严丽玫 ……………………………… (78)
叮当河涵洞“套娃”式闸阀门的研发与应用
/ 掌孝永，丁军 …………………………………………………… (88)
东海县水生态文明城市建设后评价问题探讨
/ 闫东宇，蒋晓红，金星，刘骏，耿浩杰 ……………………… (93)
白马湖水生态保护与修复工程措施探讨
/ 孙晨，吴小扁，苏晨 ………………………………………… (104)
开泰闸海堤工程难点与技术措施
/ 孙承坪，相入兴，陆亚州，周亚明，刁雪芬 ……………… (110)
自然资源确权登记自动化系统的研究思路
/ 徐璟纯 ………………………………………………………… (120)
淤泥固化重塑土的强度试验研究
/ 莫建兵，刘国龙，许英，贺国斌，董昊 …………………… (125)
镇江市丹徒区御隆河水利风景区规划布局研究
/ 胡金杰，王福生，童琦媛 …………………………………… (130)
南京玄武湖东南湖湖泊生态修复与景观设计研究
/ 张茜 …………………………………………………………… (137)
GIS 技术在河湖岸线保护与利用规划中的应用
/ 张小芳，宋玉 ………………………………………………… (145)
沿海挡潮排涝涵闸运行水位控制分析
/ 颜秉龙，孙传文，李应军，刘恺 …………………………… (151)

四、水利工程新技术应用案例

数字水利孪生解决方案 ……………………………………………… (162)
水务智慧软件开发及应用 ………………………………………… (165)
河湖护岸板桩塑钢化技术 ………………………………………… (169)
生态河湖水利工程景观设计范例 ………………………………… (171)

一、江苏省优秀水利工程勘测设计奖获奖项目

2019 年度江苏省优秀水利工程勘测设计奖获奖名单

第二届江苏省优秀水利工程勘测设计奖获奖名单

第三届江苏省优秀水利工程勘测设计奖获奖名单

2019年度江苏省优秀水利工程勘测设计奖获奖名单

——设计类——

一等奖（3项）

1. 世行贷款淮河流域重点平原洼地治理工程泰东河工程

主要完成单位：江苏省水利勘测设计研究院有限公司、江苏省世行贷款泰东河工程建设局

主要完成人：张亚中、陶玮、周维军、康立荣、王蔚、徐文俊、焦建华、汤明泉、杨俊敬

2. 淮河入江水道整治工程石港泵站更新改造工程

主要完成单位：江苏省水利勘测设计研究院有限公司

主要完成人：江树荣、陈懿、江伟、周秀彩、周伟、刘新泉、杨万红、王科亮、许建国

3. 新沟河江边枢纽工程

主要完成单位：江苏省太湖水利规划设计研究院有限公司

主要完成人：高兴和、常语锋、王飞、陈晔、陈浩、吕犇、宋丽花、张旭、管义兵

二等奖（8项）

1. 新沟河延伸拓浚工程遥观南枢纽工程

主要完成单位：江苏省水利勘测设计研究院有限公司

主要完成人：顾美娟、江树荣、金扬泉、周秀彩、邵正荣、周伟、刘雪芹

2. 泗阳节制闸除险加固工程

主要完成单位：江苏省水利勘测设计研究院有限公司
主要完成人：王钧、王桂季、张福贵、程建华、郝道平、钱文康、王煦

3. 淮安三站改造工程

主要完成单位：江苏省水利勘测设计研究院有限公司、江苏省灌溉总渠管理处
主要完成人：张福贵、余森、卜舸、张鹏、王煦、程建华、钱祖宾

4. 新沂市姚庄闸除险加固工程

主要完成单位：徐州市水利建筑设计研究院有限公司
主要完成人：陈亚军、李平夫、李欣、陆文君、孙丹丹、刘华平、姜成启

5. 淮安市清安河改道工程

主要完成单位：淮安市水利勘测设计研究院有限公司
主要完成人：陈坚、王星梅、周凤扬、张丽娟、李铁、倪言波、张海龙

6. 宿迁井头翻水站更新改造工程

主要完成单位：淮安市水利勘测设计研究院有限公司
主要完成人：陈坚、王丽、郭瑞、姜海涛、林旭、李洪发、李铁

7. 句容河城区段水环境整治工程

主要完成单位：镇江市工程勘测设计研究院有限公司
主要完成人：李婷、徐骏、高华峰、刘凯贤、洪涛、王瑞雪、李丽

8. 宿迁市宿城段黄河故道干河治理工程

主要完成单位：宿迁市水务勘测设计研究有限公司
主要完成人：周皞、夏成亮、许生、高劲松、殷宪柱、曹锐、刘凡

三等奖（11 项）

1. 太湖湖西通胜地区下游丹金溧漕河防洪控制工程——龙山水利枢纽

主要完成单位：江苏省太湖水利规划设计研究院有限公司
主要完成人：王飞、高兴和、张旭、陈浩、陈晔

2. 南京市江宁区赵村水库水生态系统保护与修复工程（一期）

主要完成单位：南京市水利规划设计院股份有限公司、江宁区水务局
主要完成人：付东王、李萍、李昆朋、佘礼晔、赵振

3. 涟水县唐响河闸拆建工程

主要完成单位：淮安市水利勘测设计研究院有限公司
主要完成人：陈坚、徐子令、林旭、郭丹萍、李言亮

4. 海安县城市防洪治理工程

主要完成单位：南通市水利勘测设计研究院有限公司
主要完成人：陆伟、易太平、杨鑫、朱义宏、徐冀荣

5. 盐城市 2013 年度城市防洪工程——步凤河南闸站

主要完成单位：盐城市水利勘测设计研究院有限公司
主要完成人：夏军、周红兵、高国威、李连成、常根朋

6. 常熟市畅流活水一期项目——虞山镇泵站（常浒河枢纽）工程

主要完成单位：苏州市水利设计研究院有限公司
主要完成人：戚振宁、张华、杜玲、叶小强、石浩志

7. 石湖片区水环境整治提升——调水引流工程

主要完成单位：苏州市水利设计研究院有限公司
主要完成人：刘云俊、戚振宁、杜玲、佴永平、石浩志

8. 太仓市 2015 年中央财政小型农田水利重点县项目二标段沙溪镇松南灌排区

主要完成单位：太仓市水利市政设计有限公司
主要完成人：范建清、张刚毅、顾利民、薄新峰、范云山

9. 南通市 2014 年南川河整治工程 1 标段——老星明路陆洪闸工程

主要完成单位：南通和信工程勘测设计院有限公司
主要完成人：缪拥军、顾建邦、范亚东、卞小龙、顾海洋

10. 连云港市猴嘴闸迁建工程

主要完成单位：连云港市水利规划设计院有限公司
主要完成人：李明、于正委、张应奎、颜秉龙、王朝进

11. 扬州市北城河（叶桥大沟）综合整治工程

主要完成单位：扬州市勘测设计研究院有限公司
主要完成人：葛恒军、陈锐、袁海霞、王阳、晏志坚

——规划、咨询类——

一等奖（1 项）

1. 里下河地区水利治理规划

主要完成单位：江苏省水利勘测设计研究院有限公司、江苏省水利工程规划办公室

主要完成人：何孝光、陈长奇、朱大伟、赵一晗、刘锦霞、毛媛媛、王钧、张明、陈立冬

二等奖（3 项）

1. 江苏省河湖和水利工程管理范围划定专题研究

主要完成单位：江苏省水利工程科技咨询股份有限公司、江苏省水利厅

主要完成人：徐玲玲、周锋、万骏、朱震东、曹善宇、沈颖、李菁

2. 秦淮河地区水利治理规划

主要完成单位：江苏省水利工程规划办公室、南京市水利规划设计院股份有限公司

主要完成人：陈长奇、苏长城、杨根林、杨红卫、宋轩、常虹、欧建锋

3. 泰州市城市防洪规划（2016—2030 年）

主要完成单位：扬州市勘测设计研究院有限公司

主要完成人：彭秀琴、卢建琴、吴兴祥、盛冰、王阳、高嵩、徐琨

三等奖（4 项）

1. 阳澄淀泖区阳澄湖片水利综合整治规划

主要完成单位：江苏省太湖水利规划设计研究院有限公司

主要完成人：吴小靖、展永兴、李灿灿、吴心艺、秦灏

2. 南通市城市水系规划修编

主要完成单位：南通市水利勘测设计研究院有限公司

主要完成人：陶晓东、黄莉、金炜、蔡健、季颖

3. 宿迁市中心城市河道水系统沟通专项规划

主要完成单位：宿迁市水务勘测设计研究有限公司
主要完成人：张友祥、周皞、夏成亮、许生、刘凡

4. 泰州市水资源综合规划（2016—2030）

主要完成单位：南京市水利规划设计院股份有限公司、泰州市水资源管理处
主要完成人：王献辉、吴维升、杨红卫、屈晨阳、陈勇

—— 勘测类 ——

一等奖（1 项）

1. 太湖底泥勘测调查及分析

主要完成单位：江苏省工程勘测研究院有限责任公司、中国科学院南京地理与湖泊研究所
主要完成人：宋意勤、黄立平、王振友、蒋兆华、韩昭玉、孙明、王立国、王之顺、张明成

二等奖（2 项）

1. 江都区河湖和水利工程管理范围划定

主要完成单位：江苏省工程勘测研究院有限责任公司
主要完成人：姚坚、姜辉、杨勇、司加强、张小昆、张静、王存军

2. 淮安市古黄河水利枢纽工程

主要完成单位：淮安市水利勘测设计研究院有限公司
主要完成人：朱永柏、赵汛、朱亚、陈进、孙荣、朱超、司光辉

三等奖（4 项）

1. 南水北调东线一期工程金宝航道征地拆迁和移民安置实物量勘测

主要完成单位：江苏省工程勘测研究院有限责任公司
主要完成人：杜波、胡玉龙、王志林、李金祥、金晶

2. 滁河防洪治理近期工程马汊河扩挖工程

主要完成单位：南京市水利规划设计院股份有限公司
主要完成人：张莉萍、李进、王艳波、仲静文、唐波

3. 南京市六合区新禹河闸除险加固工程

主要完成单位：南京市水利规划设计院股份有限公司
主要完成人：仲静文、赵雨顺、张腾、雷泉龙、张战阳

4. 王港闸下移工程——王港新闸

主要完成单位：盐城市水利勘测设计研究院有限公司
主要完成人：毛广红、万广林、徐刚初、龚志明、树志祥

第二届江苏省优秀水利工程勘测设计奖获奖名单

——设计类——

一等奖（3项）

1. 扬州市瓜洲泵站工程

主要完成单位：江苏省水利勘测设计研究院有限公司、扬州市勘测设计研究院有限公司

主要完成人：康立荣、徐莉萍、徐刚、卜舸、张鹏、王煦、李涛、王灿、王桂智、彭秀琴、盛冰

2. 七浦塘拓浚整治工程（江边枢纽和阳澄湖枢纽）

主要完成单位：江苏省太湖水利规划设计研究院有限公司

主要完成人：高兴和、于建忠、王飞、宋丽花、陈晔、管义兵、张旭、陈浩、吕犇、程实、王振红

3. 大丰王港闸下移工程

主要完成单位：盐城市水利勘测设计研究院有限公司

主要完成人：戴清华、邓翼峰、李峰、费海蓉、许向春、杨金虎、花加凤、杨广星、周进华、周利、仲凯

二等奖（5项）

1. 新沟河延伸拓浚工程西直湖港北枢纽工程

主要完成单位：江苏省水利勘测设计研究院有限公司

主要完成人：万乾山、朱庆华、黄志洪、王煦、张鹏、焦建华、孔祥闻、左威龙、

陈杭

2. 宿迁市泗阳段黄河故道干河治理初步设计报告

主要完成单位：宿迁市水务勘测设计研究有限公司

主要完成人：高健、陆毅、宋强、殷宪柱、金严、夏成亮、曹锐、许生、高劲松

3. 淮安市淮安区明通污水处理厂生态湿地工程

主要完成单位：南京市水利规划设计院股份有限公司

主要完成人：李萍、张力、王伟、刘邦俊、王宁、管桂玲、赵振、刘聪、张会

4. 徐州市 2015 年市区治污工程玉带河南望段河道提升及截污导流工程

主要完成单位：徐州市水利建筑设计研究院有限公司、徐州市风景园林设计院有限公司

主要完成人：陈亚军、李欣、纪伟、李宁、张桂霞、郭连峰、苏慧、郝玉萍、张丽萍

5. 南水北调东线一期工程金宝航道大汕子枢纽工程

主要完成单位：淮安市水利勘测设计研究院有限公司

主要完成人：陈坚、王星梅、周风扬、赵春潮、李铁、张丽娟、倪言波、姜海涛、李文军

三等奖（9 项）

1. 江苏省扬中市 2017 年长江崩岸段干堤复建和岸线守护应急治理工程

主要完成单位：镇江市工程勘测设计研究院有限公司

主要完成人：朱晓红、王国栋、洪涛、高华峰、莫建兵、朱田康、袁晓渊

2. 徐州市刘山北站拆除重建工程

主要完成单位：徐州市水利建筑设计研究院有限公司

主要完成人：蒋云杰、董雷、张丽萍、贺苗、张崴栋、李洋洋、纪凤杰

3. 张家港市四干河闸站改建工程

主要完成单位：淮安市水利勘测设计研究院有限公司

主要完成人：吴昌新、陈坚、郭瑞、王丽、张巍、林旭、陈亚丁

4. 海门市圩角河（通启运河—海界河）整治工程

主要完成单位：南通市水利勘测设计研究院有限公司

主要完成人：陆伟、陶晓东、黄莉、易太平、许映建、杨海军、陈蕾

5. 伯渎港综合整治工程

主要完成单位：无锡市水利设计研究院有限公司

主要完成人：陆佳炜、陈和锋、朱界荣、龚海龙、何建栋、秦景言、何文浩

6. 战斗河整治工程

主要完成单位：南通和信工程勘测设计院有限公司

主要完成人：俞冰、耿帅、章云龙、顾建邦、吴建萍、曹新峰、黄培

7. 连云港市海堤达标项目西墅闸工程

主要完成单位：连云港市水利规划设计院有限公司

主要完成人：张应奎、梁化成、吴新民、李明、颜秉龙、刘伟、孙承坪

8. 南京市江宁河下坝泵站改扩建工程

主要完成单位：南京市水利规划设计院股份有限公司

主要完成人：树锦、张子龙、何朝振、韦颖、杨程、严嘉华、陈域

9. 常熟市畅流活水工程——元和塘闸工程

主要完成单位：苏州市水利设计研究院有限公司

主要完成人：戚振宁、曾晓兰、王世辉、梁亮、吴宏兵、徐义桦、韩琼玥

表扬奖（2 项）

1. 高邮市 2018 年度小型农田水利重点县工程

主要完成单位：扬州市勘测设计研究院有限公司、江苏润德管业有限公司

主要完成人：葛恒军、陈锐、于宽畏、吴俊、张慧

2. 立新河（广电路至 G312）水系连通工程

主要完成单位：华设设计集团股份有限公司

主要完成人：吴海龙、王启凡、陈樊建、谢东、姚轲

—— 规划、咨询类 ——

一等奖（2 项）

1. 江苏省治涝规划

主要完成单位：江苏省水利工程规划办公室、江苏省水利勘测设计研究院有限公司、江苏省太湖水利规划设计研究院有限公司

主要完成人：喻君杰、常虹、欧建锋、苏长城、何孝光、汪院生、杨根林、蒋燕华、吴小靖、张煜、高明鸣

2. 江苏省入海河道河口治导线规划

主要完成单位：江苏省水利勘测设计研究院有限公司、江苏省水利工程规划办公室

主要完成人：黄辉、王钧、曹命凯、杨万红、张晓松、赵一晗、王凯、王少波、喻桂成、李小红、程建华

二等奖（5 项）

1. 苏州市生态美丽河湖建设技术指南

主要完成单位：江苏省太湖水利规划设计研究院有限公司

主要完成人：吴小靖、秦灏、张亚洲、刘鹏、闵勇、施顺成、吴心艺、唐仁、展永兴

2. 江苏省区域水利治理规划

主要完成单位：江苏省水利工程规划办公室、江苏省水利勘测设计研究院有限公司、江苏省太湖水利规划设计研究院有限公司、江苏省水利科技咨询股份有限公司

主要完成人：喻君杰、陈长奇、袁文秀、苏长城、张颖、王钧、汪院生、罗龙洪、杨根林

3. 南京市秦淮东河一期工程可行性研究报告

主要完成单位：南京市水利规划设计院股份有限公司

主要完成人：余代广、程大鹏、王献辉、吴永新、王建龙、陈晓静、杨红卫、

陈璇、李进

4. 靖江市水功能区达标整治方案

主要完成单位：江苏省水利工程科技咨询股份有限公司

主要完成人：孙伯明、翟高勇、周思斯、冒云、周铸、蒋丹丹、曹善宇、左保静、甄峰

5. 2014—2016年江苏省大中型水库移民后期扶持政策实施情况监测评估

主要完成单位：江苏省工程勘测研究院有限责任公司

主要完成人：金晶、王志林、张律、姜小青、温旋、唐维阳、段云飞、阿茹娜、邵真真

三等奖（8项）

1. 南京市水利风景区发展规划

主要完成单位：南京市水利规划设计院股份有限公司

主要完成人：果利娟、李萍、杨红卫、王刚、周敬梧、董守云、傅江

2. 宿迁市宿城段黄河故道干河治理工程

主要完成单位：江苏省水利工程科技咨询股份有限公司

主要完成人：周喜武、任玉彬、卢士亮、曹善宇、左保静、陈学东、吴玲玲

3. 武进区防洪除涝及骨干水系规划修编

主要完成单位：江苏省太湖水利规划设计研究院有限公司

主要完成人：汪院生、秦灏、吴心艺、刘鹏、唐仁、展永兴、吴小靖

4. 苏州市水利工程精细化管理

主要完成单位：江苏省水利工程科技咨询股份有限公司

主要完成人：任玉彬、苗红波、韩成银、孙猛、邱立波、王文全、孟凡继

5. 南京市高淳区固城湖退圩还湖试点实施方案

主要完成单位：南京市水利规划设计院股份有限公司

主要完成人：尹桂平、王刚、杨红卫、王献辉、姚亚芹、果利娟、曹雪松

6. 泰州市管河道保护与利用规划

主要完成单位：河海大学设计研究院有限公司

主要完成人：张炜、苏晨、王琴、胡继刚、梁艳、贺彪、陈晨

7. 镇江市城市防洪规划（2014—2030）

主要完成单位：镇江市工程勘测设计研究院有限公司
主要完成人：高焕芝、刘国龙、钱进、王翔、钱国山、曾正杨、贾冬冬

8. 淮安市城市畅源活水工程实施方案

主要完成单位：淮安市水利勘测设计研究院有限公司
主要完成人：吴昌新、吴兵、张智酝、杨飞、单陆丹、皇甫全欢、徐昕

表扬奖（2 项）

1. 张家港市城区河道控制性详细规划

主要完成单位：张家港市天源水利设计院有限公司
主要完成人：顾克勤、陆益忠、邹海娟、何文宝、范晓泉

2. 高邮市东部新城区生态水系项目（红旗河综合整治工程）可行性研究

主要完成单位：华设设计集团股份有限公司
主要完成人：陈稚娟、陈樊建、谢东、沈寿亮、赵坤禹

—— 勘 测 类 ——

一等奖（1 项）

1. 淮河入江水道整治项目工程测量

主要完成单位：江苏省工程勘测研究院有限责任公司
主要完成人：陈永勤、李登富、张戈、钟云龙、管华、乔慧慧、杨彪、杨秋龙、徐世雄、史亚萍、王娟

二等奖（1 项）

1. 南京市雨花台区农花河河道综合整治工程

主要完成单位：南京市水利规划设计院股份有限公司
主要完成人：华兴林、张腾、赵雨顺、孟颂颂、吴海兵、邱德俊、王浩俊、

张莉萍、王艳波

三等奖（3 项）

1. 淮河入江水道整治工程石港泵站更新改造工程

主要完成单位：江苏省工程勘测研究院有限责任公司
主要完成人：王教辉、孙明、王振友、华桂钱、邓社根、宋兴东、张骁虎

2. 扬州市瓜州泵站工程

主要完成单位：扬州市勘测设计研究院有限公司
主要完成人：张松、吴健、刘丽、晏志坚、朱峰、吴刚、花治国

3. 常州市长江堤防防洪能力提升一期工程

主要完成单位：淮安市水利勘测设计研究院有限公司
主要完成人：朱永柏、赵汛、陈进、朱亚、武万鑫、朱崇辉、张月明

第三届江苏省优秀水利工程勘测设计奖获奖名单

—— 设计类 ——

一等奖（3 项）

1. 长江镇扬河段三期整治工程初步设计

主要完成单位：江苏省水利勘测设计研究院有限公司

主要完成人：何孝光、周东泉、朱大伟、陈静茹、田志军、陈香香、张玥、张煜、姜中清、张翼、周杨

2. 京杭大运河苏州段堤防加固工程初步设计

主要完成单位：江苏省太湖水利规划设计研究院有限公司

主要完成人：展永兴、孙永明、吴芳、汪院生、于建忠、程实、宋丽花、郑宏伟、梁庆华、唐仁、张旭

3. 淮安市清浦区杨庙泵站更新改造工程初步设计

主要完成单位：淮安市水利勘测设计研究院有限公司

主要完成人：吴昌新、洪伟、陈坚、林农、李铁、杨飞、李文军、徐鹏飞、仲兵兵、王丽、张丽娟

二等奖（5 项）

1. 滁河防洪近期治理工程（江苏段）初步设计

主要完成单位：南京市水利规划设计院股份有限公司、长江勘测规划设计研究有限责任公司

主要完成人：程大鹏、罗海东、程庆松、邱乾勇、余剑平、要威、游中琼、

柳雅敏、张黎明

2. 丰县丰城闸站初步设计

主要完成单位：徐州市水利建筑设计研究院有限公司

主要完成人：耿亮、陈亚军、纪伟、陆文君、苏慧、张崴栋、王朝、刘华平、史经攀

3. 苏州市阳澄湖综合整治工程生态修复工程——阳澄中湖生态修复工程初步设计

主要完成单位：苏州市水利设计研究院有限公司

主要完成人：刘云俊、韩琼玥、戚振宁、朱斌、叶飞、张华、庄水英、吴宏兵、黄冠杰

4. 宿迁市黄河故道后续工程初步设计

主要完成单位：宿迁市水务勘测设计研究有限公司

主要完成人：夏成亮、金严、刘凡、高劲松、裴素祥、许生、宋强、杨青森、唐波

5. 西太湖塔下片区近岸带水生态修复项目实施方案

主要完成单位：华设设计集团股份有限公司、生态环境部南京环境科学研究所

主要完成人：阴云康、齐鲁尚、陈樊建、金勇、杨飞、陶李岳、王启凡、吴海龙、谢东

三等奖（9 项）

1. 溧河洼灾后重建应急治理工程实施方案

主要完成单位：江苏省水利勘测设计研究院有限公司

主要完成人：何孝光、汤明泉、周维军、卢光田、董礼翠、武蒙、卜舸

2. 太仓市主城区水质提升控导工程实施方案

主要完成单位：江苏省太湖水利规划设计研究院有限公司

主要完成人：高兴和、吕犇、宋丽花、王振红、孙鹏明、秦伟、卢超

3. 锡澄运河（黄昌河—长江段）整治工程江边枢纽（定波水利枢纽）初步设计

主要完成单位：江苏省太湖水利规划设计研究院有限公司

主要完成人：孙永明、王飞、高兴和、顾晓峰、吕犇、管义兵、陈晔

4. 南河综合整治工程初步设计

主要完成单位：南京市水利规划设计院股份有限公司
主要完成人：刘邦俊、高健、王宁、李昆朋、张力、王东赢、邱超

5. 海港引河沿线控导工程初步设计

主要完成单位：南通市水利勘测设计研究院有限公司
主要完成人：陶晓东、杨鑫、陈祥、易太平、金炜、王涛、朱义宏

6. 盐城市大中型闸站更新改造（串场河新兴闸站）工程初步设计

主要完成单位：盐城市水利勘测设计研究院有限公司
主要完成人：张阳、高国威、浦庆、陶圣叶、冯杨、王星彦、胡源

7. 晓墟河整治工程初步设计

主要完成单位：镇江市工程勘测设计研究院有限公司
主要完成人：洪涛、温善荣、钱进、袁晓渊、刘国龙、莫建兵、何虎

8. 南六塘河治理工程（灌南县境内）初步设计

主要完成单位：连云港市水利规划设计院有限公司
主要完成人：张应奎、李明、王朝进、蔡金来、杜宝义、孔庆阳、刘广东

9. 庄台漫水闸除险加固工程初步设计

主要完成单位：扬州市勘测设计研究院有限公司
主要完成人：葛恒军、陈锐、金勇、全莉、储开杰、尹鹭、王金龙

—— 规划、咨询类 ——

一等奖（2 项）

1. 江苏省秦淮河保护规划

主要完成单位：南京市水利规划设计院股份有限公司
主要完成人：杨红卫、张鹏、宋轩、罗龙洪、王献辉、田志伟、吕鑫怡、骆欢、赵燕霞、张少卿、陈璇

2. 蠡湖水环境深度治理总体方案

主要完成单位：无锡市水利设计研究院有限公司、无锡市水利局
主要完成人：张伏林、陈浩、杨海林、王霞、马煜州、苏华、卢洪欢、虞奎、

耿金、谈泓洋、黄若宸

二等奖（4 项）

1. 2020 年江苏省暴雨洪水及水工程调度评估分析

主要完成单位：江苏省水利工程科技咨询股份有限公司

主要完成人：甄峰、赵永超、沈颖、李丽、李菁、邹春蕾、徐铭、安浩、宁智文

2. 江苏省江阴市水系连通及水美乡村建设试点县实施方案

主要完成单位：江苏省水利勘测设计研究院有限公司

主要完成人：曹命凯、侍翰生、朱华刚、王少波、张晓松、吴小君、王京会、张孟颖、陈楚

3. 苏州市河湖生态水位保障实施方案

主要完成单位：江苏省太湖水利规划设计研究院有限公司

主要完成人：吴小靖、许强、秦灏、唐仁、钟栗、吴心艺、张亚洲、王子建、闵勇

4. 郑集河扩大工程可研报告

主要完成单位：徐州市水利建筑设计研究院有限公司

主要完成人：陆文君、纪伟、陈亚军、滕红梅、苏慧、黄伟、李洋洋、侯劲鹤、代晴

三等奖（6 项）

1. 大丰市王港闸下移工程可研咨询报告

主要完成单位：江苏省水利工程科技咨询股份有限公司

主要完成人：陈学东、任玉彬、周喜武、吴玲玲、夏鹤鹏、曹善宇、吴保林

2. 连云港市东海县水资源刚性约束“四水四定”试点实施方案（2023—2025）

主要完成单位：江苏省水利工程科技咨询股份有限公司

主要完成人：孙伯明、孙振利、冒云、吴鑫、陈双、周铸、刘小轩

3. 南通市区域治水总体方案

主要完成单位：南通市水利勘测设计研究院有限公司

主要完成人：陶晓东、金炜、王苏胜、刘华、陈旭坤、朱炼、季颖

4. 句容市水系专项规划

主要完成单位：镇江市工程勘测设计研究院有限公司

主要完成人：贾冬冬、高焕芝、刘国龙、王玮、王翔、吴雷、徐超

5. 扬州市水利基础设施空间布局规划

主要完成单位：扬州市勘测设计研究院有限公司

主要完成人：葛恒军、王亮、吴兴祥、许燕、盛冰、仲晓林、卢建琴

6. 宿迁市黄河故道（城区段）淮河流域幸福河湖建设方案

主要完成单位：宿迁市水务勘测设计研究有限公司

主要完成人：蔡成龙、周皞、张红儒、谭政、陈思、金严、于超

—— 勘 测 类 ——

二等奖（2 项）

1. 南通市通吕运河水利枢纽地质勘察

主要完成单位：江苏省工程勘测研究院有限责任公司

主要完成人：王美均、凌晓梅、王教辉、戴冕、张骁虎、华桂钱、张伟、曹风旭、冯祯辉

2. 南京市九乡河治理应急工程（闸站工程）地质勘察

主要完成单位：南京市水利规划设计院股份有限公司

主要完成人：李进、吴海兵、华兴林、孟颂颂、宋健、管旺、周洋、张腾、赵雨顺

三等奖（2 项）

1. 淮安市淮安区 2017—2018 年度河湖和水利工程管理范围划定项目

主要完成单位：淮安市水利勘测设计研究院有限公司

主要完成人：尚庆明、徐树元、罗时龙、岳修海、丁旭东、李亮、李磊

2. 长江南京河段八卦洲汊道河道整治工程施工期水下地形测量项目

主要完成单位：江苏省水利科学研究院、南京市长江河道管理处

主要完成人：王茂枚、赵钢、吴杰、徐毅、罗青、陈磊、蔡军

二、优秀勘测设计奖项目展示

淮河入江水道石港泵站更新改造工程

新沟河江边枢纽工程

扬州市瓜洲泵站工程

大丰王港闸下移工程

京杭大运河苏州段堤防加固工程初步设计

淮安市清浦区杨庙泵站更新改造工程初步设计

江苏省秦淮河地区水利治理规划

淮河入江水道石港泵站更新改造工程

石港泵站位于淮安市金湖县，是淮河入江水道整治工程中最大的泵站工程。石港老站于 1974 年 8 月建成。2011 年 6 月，水利部批复同意石港泵站更新改造，新建泵站设计流量 90 m^3/s，安装 4 台套立式轴流泵，总投资 1.16 亿元。更新改造工程于 2013 年 11 月开工建设，2018 年 12 月竣工。

石港泵站建筑巧妙地利用建筑坡屋顶，形成了“人、丛、众”的建筑意象，隐喻了“人人治水”“大众治水”的理念，较好地把水文化元素转译到水工程建筑上，富有水利精神特质。在泵站管理区部分，庭院、天井、多进院落穿插组合，空间相互渗透，形成园林式场景，实现了办公、住宿与泵站环境的有机融合。

干净纯粹的几何构图，白色的外立面，灰色的瓦屋顶，造就朴素雅致的整体效果。

石港泵站更新改造工程先后荣获中国水利工程优质（大禹）奖、江苏省优秀工程设计三等奖、江苏省优秀水利工程勘测设计奖，并成为江苏省的省级水利风景区。

新沟河江边枢纽工程

（1）工程概要

新沟河延伸拓浚工程是“十三五”国家172项重点水利工程之一，是治太骨干引排工程。项目位于江苏省常州（天宁、新北、武进）和无锡（滨湖、惠山、江阴）两市六区境内，北起长江，向南沿现有新沟河拓浚至石堰，分成东、西两支，东支接漕河—五牧河，地涵穿京杭大运河，在北直湖港西侧平地开河，再地涵穿锡溧漕河接南直湖港疏浚入太湖；西支接三山港，平交京杭大运河，疏浚武进港至太湖。江边枢纽工程是太湖联通长江的新沟河龙头口门，是保证太湖及其水网适宜水位并抵御长江洪潮的重要屏障，是全面实现新沟河引排综合功能的主要控制工程。

江边枢纽工程选址于江阴市申港镇滨江村新沟河入江口，由节制闸、泵站、船闸和鱼道四部分组成，具有引水、改善水环境、挡潮、防洪、排涝、航运及过鱼等综合功能。该工程规模为大(2)型，工程等别为Ⅱ等，主要建筑物级别为2级；防洪（挡潮）标准按100年一遇设计，300年一遇校核。五孔水闸的总净宽48 m（8+8+16+8+8），设计引水和排水最大流量分别为433 m^3/s和460 m^3/s，由升卧门与直升门配套卷扬式启闭机进行控制；泵站引水和排水规模分别为90 m^3/s和180 m^3/s，6台套立式轴流泵，单机流量30 m^3/s，总装机10 800 kW（一台变极双速电机）；船闸16 m×180 m×3 m；鱼道宽2 m。建成效果见下图。

工程分两期实施，一期实施西侧船闸建设，二期实施东侧闸站和鱼道建设。工程于2013年年底开工，2016年6月通水，2018年6月全面完工并投入使用，2020年底竣工，决算总投资5.416亿元（含征迁），工程实施质量鉴定为“优良”等级。

（2）工程特点、关键技术与创新

该工程设计规模种类多、实施条件复杂，涉及水利与交通、防洪与供水、资源与环境、城镇与农村、占地与地方发展等技术、行政和社会的各种矛盾和复杂关系，需要进行综合权衡与妥善处理。设计研发的江湖河网多模型耦合、干线通江双线入湖干支组合布局、大型通江与平立交多类型工程、大型泵装置与变极双速电机、T型高支挡与软土易冲刷岸坡防护、BIM模型开发与水力数模优化等创新成果，以及多类型建筑物布置及水力数模优化、闸站“阶梯型高差”布置、不同孔径组合多孔挡潮闸、单双向泵联合布置的多层泵站结构、双廊道组合主孔对称输水闸首、复合地基整体闸室变截面处理、依附型多隔仓双向鱼道、大体积砼结构抗裂、大跨径后张预应力结构、超大面积升卧门控制、动态潮位下非常规大型机泵安装等多项关键技术，在工程中得到全方位应用，满足工程规划与使用功能的要求，为后续“治太”提供了丰富的技术储备和宝贵的经验，对推动科研与建设高度融合，推动水利、航运技术进步，助力长三角一体化高质量发展，具有重大意义。

（3）科技成果、知识产权及获奖情况

根据统计，新沟河江边枢纽工程设计累计完成主要技术成果报告 18 份，科研成果 9 项，科技查新 7 项，科技成果推广 2 项、应用 11 项；获得国家授权知识产权 16 项（专利 9 项，软件著作权 4 项，工法 3 项）；编制技术标准 2 部，出版学术专著 1 部，发表学术论文 13 篇；获得省部级优秀设计、咨询、大禹科技、航海科技、省水利科技等奖项 8 项。工程已通过 2021—2022 年度中国水利工程优质（大禹）奖现场复核。

（4）工程运行效果与效益

截至 2021 年年底，工程累计引排 26.95（引 3.19+排 23.76）亿立方米。2018 年汛后应急调水 5 600 万立方米，有效改善了河网水质，运行效果明显；配合望虞河、新孟河引江济太，有效改善了太湖流域的河网水环境，生态效益显著。2020 年梅雨汛期，太湖流域发生历史罕见的特大洪水，防汛等级升至一级响应，长江大流量高潮位行洪，太湖连续超保证水位 24 天，工程累计北排长江 13.9 亿立方米（泵排 6.14 亿立方米），有效控制并明显降低了太湖及河网水位（下降 15 cm），工程防洪减灾效益达 10.3（常州 9.2+无锡 1.1）亿元，受益面积 5 980 平方公里，超过预期设计效果。工程经受住了超历史特大洪水考验，防洪保安作用巨大。

扬州市瓜洲泵站工程

瓜洲泵站位于扬州市长江与古运河交汇处。泵站工程于2016年12月开工建设，安装6台立式轴流泵，泵站设计流量170 m^3/s，2021年1月工程通过竣工验收。

江河交汇之处是与生俱来的独特的水利精神场所，泵站建筑以“水上城楼”为主题构思，寓意“御水护城”，与水功能一脉相承。立面设计基于传统的理念而推陈出新，吸取扬州唐风之美；正面顶部是仿唐重檐歇山顶式的楼阁，屋顶坡度平缓，正脊是中低边高的弧线，两端以轮廓简洁的内卷鸱吻收束；建筑底部的设计灵感来源于古城墙的厚重雄浑，形成了外古内新、上虚下实、主次分明、高低错落的现代水工建筑特征，呈现了扬州南秀北雄的独特魅力。

瓜洲泵站先后荣获中国水利工程优质（大禹）奖、江苏省水利优质工程奖、江苏省优秀工程设计一等奖、中国建设工程鲁班奖。

大丰王港闸下移工程

王港闸下移工程位于盐城市大丰区，具有挡潮、泄洪、排涝、灌溉、控污、通航和连接两岸交通的功能。闸身总净宽105 m，共7孔，每孔净宽15 m，设计日常平均过闸流量542 m^3/s，过闸瞬时最大流量1 184 m^3/s，工程等别为Ⅱ等，工程规模为大（2）型。防洪标准为近期20年一遇、远期50年一遇；排涝标准为10年一遇。工程主要建筑物级别为2级，次要建筑物级别为3级，场地地震动峰值加速度为0.2g，地震基本烈度为Ⅷ度。

王港新闸外海侧实景

工程设计主要特点如下：

（1）闸址选择。工程选址时根据平均高潮线方案、大米草边缘方案、围堤外缘连接线方案，结合遥感影像建立工程区海域的潮流数学模型与泥沙冲淤计算对比分析，尽量缩短闸下港道的长度，以减少防护工程数量，同时有效减少闸下港道淤积，综合确定将王港新闸闸址移至老闸下游12.5 km处。王港闸下移工程建成安全可靠运行6年多，在径流量有限的情况下实现了港道在较长时间内的畅通，其工程选址为后期的沿海挡潮闸下移提供了有参考价值的选址思路和方法。

（2）规模论证。采用 MIKE 水利模型系统，建立王港独立沿海垦区水文水动力数学模型，论证淤积型海岸挡潮闸及河道工程规模，选定闸孔总净宽为105 m，闸底板面高程为-2.5 m。适当加大新老闸之间河道的调蓄库容对减小新闸规模和王港干河河道规模有明显效果，可节省大量投资，同时新老闸之间河道还可为冲淤保港提供水源。选定新老闸之间河道规模为底宽90~180 m、底高程-3.0 m、边坡1：4。经2015年洪水考验，工程规模合适。

王港新闸内河侧实景

（3）创新采用“包络线”进行消能防冲设计。沿海挡潮闸水位差大，消能防冲设计直接影响挡潮闸的安全运行。由于挡潮闸水位、流量组合时刻在变，首次提出“包络线”概念进行消能防冲设计。将挡潮闸运行过程中可能发生的各种闸上水位、闸下潮位及相应的过闸流量进行组合，分别设计消力池及海漫等消能防冲设施，从中选出最不利的设计组合。在防冲槽末端设置防冲排桩及压密注浆的π型防冲系统，并与高程4.5 m，3.0 m处设置的顺堤导流戗台结合，形成整体下游防冲防护系统。

（4）在强震区，沿海挡潮闸采用“平板门+顶升式液压启闭机”的创新布置。水利工程设计越来越关注防洪、挡潮、航运、景观和生态等综合因素。本工程挡潮孔和通航孔金属结构采用“平板门+顶升式液压启闭机”布置形式，液压缸埋置在闸墩内，不必布设启闭机房，对抗震有利，同时闸身与周围环境完美融合。通航孔下扉门启闭机行程较大，创新采用了两节伸缩柱塞顶升式液压启闭机；同时，液压启闭机柱塞杆采用陶瓷材质防腐，能够适应沿海地区的潮湿及盐雾环境，有效提高设备防腐耐磨性能，延长设备使用寿命。

（5）采用遍历法优化挡土墙结构。因潮位变化水位组合情况复杂，在沿海挡潮闸中的挡土墙及连接建筑物常规设计时，通常选择几个典型工况进行计算，即完建期、运行期、校核期的最低水位与最高水位，而中间工况一般不进行计算。本工程采用遍历法，考虑挡土墙运行中不同底板长度与不同水位组合的情况，针对全范围工况分析抗滑稳定安全及最经济的挡土墙断面形式，对上下游岸翼墙断面的合理设计提出了新的计算模式，为水位变化较快的沿海挡潮闸挡土墙设计提供了新的思路。

京杭大运河苏州段
堤防加固工程初步设计

（1）工程概要

京杭大运河苏州段北起苏锡交界的新安沙墩港，南至苏浙交界的鸭子坝，全长约 82 km，自北向南贯穿苏州市相城、高新、姑苏、吴中、吴江五个行政区。苏南运河是沟通长江与太湖水系的重要河道，途经太湖流域西区、武澄锡虞区、阳澄淀泖区及杭嘉湖区，具有航运、行洪、排涝、灌溉等综合功能，是苏州市重要防洪屏障“安全带”，也是大运河文化带、风光带和生态带的重要基础和载体。

京杭大运河苏州段堤防加固工程“1+2+*N*”总体定位：“1”指文化带建设；“2”指防洪安全和环境整治；“*N*”指因段施策，叠加步道、景观、休闲、健身等功能。工程统筹点、线、面多维跨界融合效应，是协同打造长三角生态绿色一体化发展示范区的“清水绿廊”。

工程总体布局：“一带、两心、四镇、八园、多点”。“一带”为运河文化遗产风光带；“两心”为姑苏核心（包括姑苏区、高新区、吴中区）、松陵核心（吴江城区）；“四镇”为望亭镇、浒关镇、平望镇、盛泽镇；“八园”为浒墅古风、文昌阁、枫桥夜泊、体育公园、驿亭待月、宝带串月、三里古桥、纤夫古道；“多点”为沿线因地制宜设置休闲或景观节点。工程等别为Ⅱ等，太浦河以北主要建筑物级别为 2 级，以南为 3 级；防洪标准为 50~200 年一遇。加固堤防（含支河）167. 95 km，新建防汛道路（含上堤路）75. 28 km，新（拆）建口门 36 座，新建跨（支）河桥梁 27 座，概算投资 48. 25 亿元。

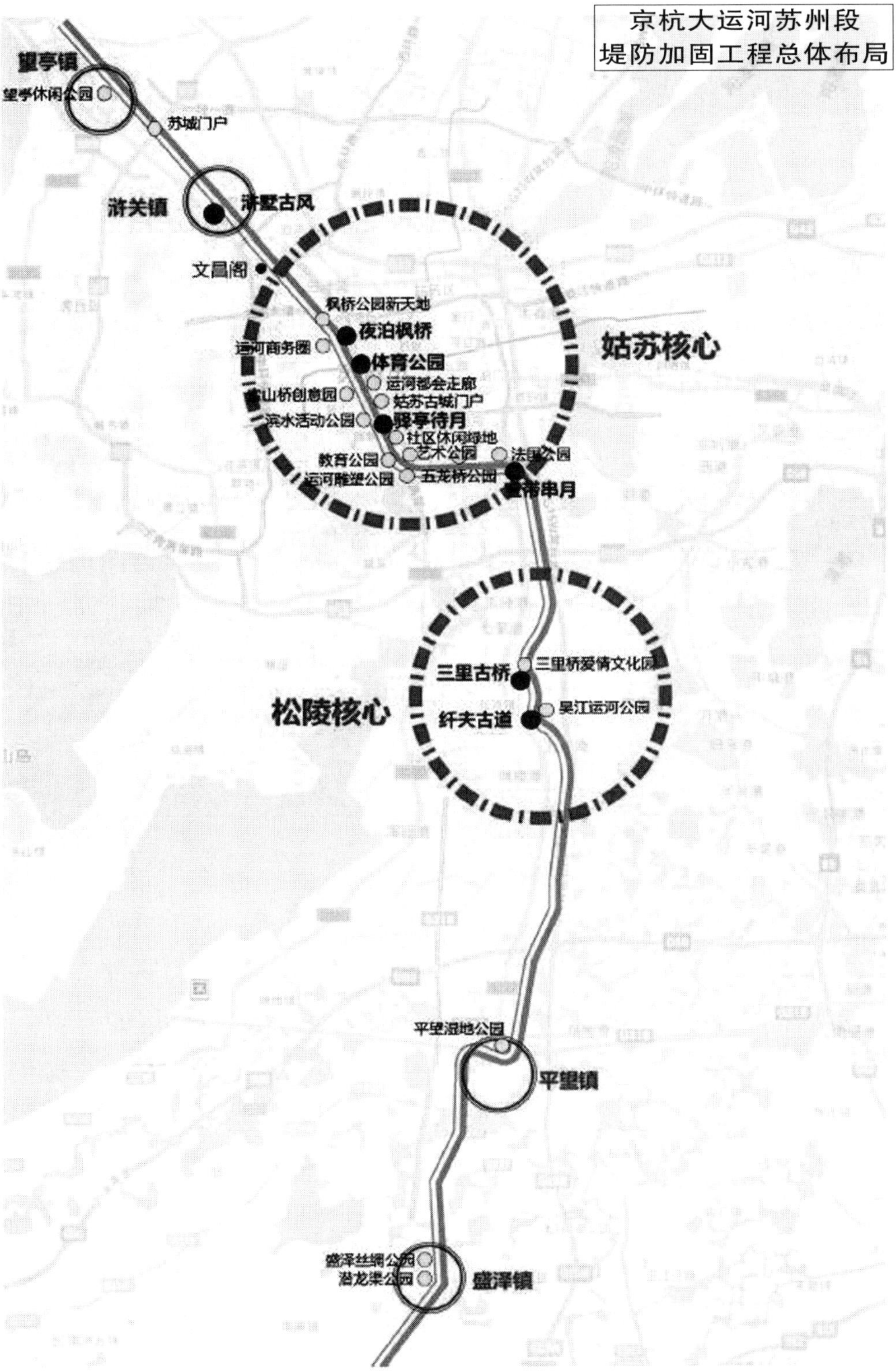
京杭大运河苏州段
堤防加固工程总体布局
望亭镇
望亭休闲公园
苏城门户
浒关镇
浒墅古风
文昌阁
枫桥公园新天地
夜泊枫桥
运河商务圈
体育公园
运河都会走廊
姑苏古城门户
滨水活动公园
驿亭待月
社区休闲绿地
艺术公园
教育公园
运河雕塑公园
五龙桥公园
法国公园
宝带串月
姑苏核心
三里古桥
三里桥爱情文化园
松陵核心
纤夫古道
吴江运河公园
平望湿地公园
平望镇
盛泽丝绸公园
潜龙渠公园
盛泽镇

（2）工程特点、关键技术与创新

工程设计要深入贯彻落实习近平总书记对运河“保护好、传承好、利用好”的重要指示精神，在确保防洪安全的前提下，续写一条河与一座城的新故事。大运河整治并非一项纯粹的传统水利工程，省、市领导及社会对其关注度高，工程战线长且涉及面广，制约因素多，具有与上位规划相衔接、多部门高度协同、多专业高度耦合等特点。

工程以水为脉，勾勒“文化为魂、防洪为本”总体布局，因地制宜确定设计方案：引进不同形式的河道护岸关键技术；盘活资源，打造首个免费向公众开放的省级风景名胜区；文脉传承，有机串联散乱的运河遗产节点，彰显人文聚合效应；通过隐形堤防与景观设计的巧妙融合，在满足防洪要求的前提下弱化堤防的生硬感；生态优先，基于“海绵城市”的设计理念建设雨水花园、下凹式绿地、湿地公园等；引进透水新材料，铺设帕米孔艺术路面，助力打造低碳、韧性城市；打造桥下特色空间，激活城市新活力；系统治理，确保运河全线核心区段步道贯通；开展已建工程软土地基堤防加固关键技术研究与应用。上述关键技术方案均在工程中得到了有效运用，为类似河湖治理工程规划设计提供了技术储备与决策依据，对助力长三角一体化生态绿色高质量发展、奋力建

设“强富美高”新江苏具有重大借鉴意义。

（3）科技成果、知识产权及获奖情况

经统计，工程累计完成主要设计研究成果33份；获得国家授权知识产权9项（专利6项、软件著作权3项）；出版学术专著1部、发表学术论文4篇；获得省、市级优秀设计、咨询、优质工程、民心工程等奖项8项。2019年、2020年连续两年被评为“苏州十大民心工程”。

（4）工程运行与效益

截至2020年年底，工程全线完工并投入使用，有效提升了运河沿线各区防洪保安能力，为城市防洪安全调度提供了重要保障。工程总体运行状况优良，达到了预期的规划设计效果。工程实施后，防洪效益达5.82亿元，水环境效益1.85亿元。工程的实施提高了流域和区域防洪能力，减少了洪涝灾害的不利影响，提升了运河沿线的生态绿化品质，传承了水文化，彰显了江南水乡的古典韵味，使人民获得感与幸福感大大提升，社会经济效益、生态效益显著。

淮安市清浦区杨庙泵站更新改造工程初步设计

淮安市清浦区杨庙泵站位于京杭大运河与淮河入海水道交汇处，是淮安市渠北运西片的重要排涝泵站，担负着淮安市大运河以西、入海水道以北、二河以东约 272 平方公里的涝水外排，并兼顾防洪、水生态、水景观等方面的功能。

杨庙泵站由杨庙北站和杨庙南站组成，泵站于 2011 年被列入“全国大型灌溉排水泵站更新改造方案”并进行更新改造，其中杨庙北站装机 13 台套，装机功率 2 730 kW，设计流量 37 m^3/s，工程等级为中型，安装 13 台 900ZLB-85 立式轴流泵；杨庙南站装机 5 台套，装机功率 5 000 kW，设计流量 50 m^3/s，工程规模为大（2）型，安装 5 台套 1900ZLQ 立式全调节轴流泵。杨庙泵站工程批复总投资为 8 496 万元。

杨庙泵站于 2014 年分批开工建设，2016 年汛期应急通水，提前发挥

工程效益，2017 年 10 月完工。杨庙北站为加固改造泵站，杨庙南站为移址新建泵站。新建杨庙南站具有以下特点：

（1）深度融合规划、技术、环境需求，科学合理选择泵站站址；

（2）充分考虑功能分区、运行管理、景观协调，总体布置构思新颖；

（3）通过水机模型试验优选泵型，采用出水侧多闸门控制方式解决大变幅扬程运行效率和安全问题；

（4）运用 CFD 数值分析和模型试验优化流道线型，首次成功将钢制模板应用在省内大型泵站肘型流道施工中；

（5）采用三维 CAD 技术进行总体和站身设计，通过三维 CAD 设计进行无碰撞和协调性检验以优化站身布置；

（6）利用 MIDAS GTS 三维有限元计算软件进行复杂结构的计算分析，优化配筋设计。

杨庙泵站的设计遵循创新、协调、绿色、开放、共享的理念，通过技术创新和实践总结，申报并获批了“一种便于施工的钢制进水流道制造技术”和“一种结构稳定的路堤墙”两项实用新型专利授权，发表了

《杨庙南站改造及泵站沉降研究》《大变幅扬程泵站水泵选型与运行控制研究》《关于大型泵站技术供水系统方案的讨论》三篇论文。杨庙泵站工程的实践创新和经验积累，为入海水道二期工程沿线泵站的建设提供了可靠的借鉴。

江苏省秦淮河地区水利治理规划

秦淮河地区是江苏省 17 个水利分区之一，位于江苏省西南部，西、北以长江为界，东至秦淮河与太湖流域分水岭，南至秦淮河与水阳江流域分水岭及苏皖省界，总面积 3 816 km^2，涉及南京市鼓楼区、秦淮区、建邺区、玄武区、雨花台区、栖霞区、江宁区、溧水区和镇江市的句容市、丹徒区。秦淮河地区又分秦淮河流域及其西北侧的沿江小流域，其中秦淮河流域 2 684 km^2，沿江小流域 1 132 km^2。

2014 年，江苏省水利厅牵头启动了秦淮河地区水利治理规划编制工作，南京市水务局和镇江市水利局共同参与，项目由江苏省水利工程规划办公室、南京市水利规划设计院股份有限公司和镇江市工程勘测设计研究院有限公司按分工承担具体工作。2017 年 12 月，工程规划方案通过水利厅厅长专题办公会审议；2018 年 12 月，规划成果通过江苏省水利厅牵头组织的审查会评审。2020 年 3 月，江苏省水利厅、江苏省发展和改革委员会对规划成果进行了批复。

规划编制期间恰逢秦淮河流域 2015 年、2016 年连续两年出现较大暴雨，遭遇长江较高潮位，秦淮河干流主要水文站水位连续两年达到历史新高。规划编制工作在连续两年的暴雨期间进行了大量的现场调研和雨情、水情、工情资料收集整理，分析了 2015 年和 2016 年流域暴雨洪水成因，研制了流域水文水动力模型；对流域水利基本情况进行了梳理，分析了面临的形势及存在的问题；对流域治理总体布局进行了深入研究。根据流域经济社会发展对水利治理的新要求，针对流域情势出现的新变化及水利治理体系存在的问题，提出了“渗蓄滞、扩外排、引提活、管护修、优调度”的流域综合治理总体布局和思路。经过多方案比选分析，拟定了外秦淮河、秦淮新河清淤扩卡，秦淮东河贯通赤山湖、西北村及附近生态湿地蓄滞洪工程，干支流堤防除险加固，秦淮河航道相机分洪，圩区错峰排涝等防洪对策方案。根据水资源供需平衡分析，拟定了小型水库及重点塘坝清淤扩容、骨干翻水线维修改造、秦淮新河泵站扩建、秦淮东河枢纽补水工程建设等调配水工程方案。对秦淮河地区水环境及水生态保护状况进行了分析，提出了赤山湖退圩还湖与生态建设、溧水河等骨干河道生态廊道建设、外秦淮河—内秦淮河水系连通引流补水等工程方案。秦淮河地区水利治理规划已成为秦淮河地区水利治理与管理的依据。

秦淮河地区防洪工程规划图

三、优秀论文选编

江苏省新时期淮河治理与保护展望

太湖通江大型水利枢纽工程关键技术

新形势下江苏省海堤调整及建设思路探讨

长江流域特枯水情的形成特征及对长江河口影响初探

水上城楼·传承创新——扬州瓜洲泵站水工程与水文化融合的思考与实践

叮当河涵洞“套娃”式闸阀门的研发与应用

东海县水生态文明城市建设后评价问题探讨

白马湖水生态保护与修复工程措施探讨

开泰闸海堤工程难点与技术措施

自然资源确权登记自动化系统的研究思路

淤泥固化重塑土的强度试验研究

镇江市丹徒区御隆河水利风景区规划布局研究

南京玄武湖东南湖湖泊生态修复与景观设计研究

GIS 技术在河湖岸线保护与利用规划中的应用

沿海挡潮排涝涵闸运行水位控制分析

江苏省新时期淮河治理与保护展望

张亚中，王钧，朱大伟

（江苏省水利勘测设计研究院有限公司）

1　治淮成效及存在的问题

1.1　治淮成效

淮河流域地处南北气候过渡带，江苏省淮河流域的沂沭泗水系历史上受黄河夺淮影响，洪涝灾害极为频繁。中华人民共和国成立以后，国家大规模治淮，通过建设洪泽湖、骆马湖控制工程，巩固和扩大淮河下游入江、入海行洪河道的行洪能力，建成了“蓄泄兼筹、以泄为主”的防洪工程体系；提出“淮水北调、分淮入沂”和“引江济淮、江水北调”的跨流域调水工程规划，逐步建成了以京杭运河为输水干渠的江淮沂互济的水资源调配工程体系，为南水北调工程奠定了基础。21 世纪以来，江苏省深入贯彻党的十八大精神和生态文明建设理念，落实党中央新时期治水方针和国家水污染防治行动计划，实行最严格的水资源管理制度，构建水资源保护与河湖健康保障体系。防洪、水资源调配和水资源保护三大体系的构建，为保障江苏省淮河流域的经济社会可持续发展发挥了重要作用。

1.2　存在的问题

（1）洪涝风险依然是高质量发展的主要威胁。

江苏省淮河流域历来洪涝灾害多发。虽然近年来防洪排涝体系不断完善，但洪水出路不足的问题仍旧突出，主要河湖堤防与沿海堤防尚未全面达标，蓄滞洪区建设总体滞后，中小河流防洪排涝治理尚未完成，现有防洪体系仍有不少薄弱环节。同时，骨干泄洪通道沿线洼地因洪致涝问题一直存在，加之区域发展造成下垫面进一步变化，区域排涝与流域行洪不协调的问题日益凸显。全球气候变化导致强降雨、风暴潮等极端气象事件增多，区域洪涝灾害风险还将增大。目前，江苏省淮河水系防洪能力为100年一遇，沂沭泗水系防洪能力为50年一遇，大部分城市防洪能力仅为50~100年一遇，仍未达到规定的防洪标准，大范围的平原洼地除涝能力更低，洪涝风险应对能力明显不足。随着流域人口、产业进一步聚集，城市规模进一步拓展，洪涝风险将愈发难以承受。

（2）优质水资源供给不足给高质量发展带来严峻挑战。

江苏省淮河流域水资源空间分布不均，人均本地水资源量531 m^3，仅为全国平均水平的四分之一。苏北部分区域缺水严重，特别是徐淮地区和滨海垦区，抗旱防灾减灾问题十分突出。同时，江苏万元GDP用水量为70 m^3，与18 m^3 的国际先进水平尚有不小的差距，农业灌溉和城市生产生活用水精细化水平不足，节约用水的社会风气尚未全面形成，水资源利用效率有待提升。经济社会步入高质量发展阶段后，在需求侧提出了水资源进一步“量质齐增”和“以水定城、以水定人、以水定产”的要求，对完善优质水资源供给保障体系提出了新的任务和要求。

（3）健康宜居的水生态环境的治理和保护任重道远。

根据《江苏省第三次水资源调查评价》，2016年江苏省淮河流域入河污染排放量达12.6万立方米，约为全省河湖污染排放总量的四分之一，区域内Ⅲ类及以上水质的站点仅占总数的66.3%，低于全国总体水平。

洪泽湖、骆马湖等重点湖泊仍处于轻中度富营养状态，蓝藻水华暴发情形仍然存在；沂河、沭河等部分河流生态用水保障难度大，生态流量满足程度不足60%；河湖湿地生态功能退化趋势尚未根本扭转，水生生物资源仍未有效恢复，部分珍稀水生动植物濒临灭绝，区域水生态环境保护仍面临艰巨任务。

（4）“四水统筹”的水利基础设施网络尚未完成。

水利基础设施网络是指为满足生态环境保护和经济社会发展对水利需求而建设的，在功能上互相关联的集河湖水系、水利工程和信息管理系统为一体的水利基础设施系统。新时期治淮需按照经济社会高质量发展的总体要求，构建水资源供给更加可靠、对自然生态环境更加友好、洪涝灾害风险更加可控、资源与工程调度管理更加智能化的水利基础设施网络。“四水统筹”应着眼于水资源、水生态、水环境、水灾害的系统治理，统筹考虑江苏省“1+3”重点功能区发展和淮河生态经济带建设的需求，结合国土空间管控、生态保护红线、各部门协调等要求，通过网络构建，充分挖掘现有工程的潜力和综合效益，明确区域水利基础设施网络建设的发展定位、发展方向等。

2 新时期治淮要求

2020 年 8 月，习近平总书记在考察淮河时提出要把治理淮河的经验总结好，认真谋划“十四五”时期淮河治理方案。今后一个时期，江苏省淮河下游治理保护的顶层设计需紧扣“幸福河”和“高质量”两个关键词，全面提升淮河下游地区抗御自然灾害的能力和水平，牢牢抓住淮河保护和治理在实施淮河生态经济带、长三角一体化等国家战略中的重大机遇，围绕水资源、水生态、水环境、水灾害的系统治理和经济社会高质量发展的要求，统筹处理好“四个关系”，全面提升淮河下游地区水安全的保障水平。治淮要求具体包括四个方面的内容：

一是要统筹“蓄”与“泄”的关系，继续坚持“蓄泄兼筹、以泄为主”的防洪策略，做好扩大河道泄流能力、加固重要堤防、调整完善行蓄洪区等工作，保障防洪安全；

二是统筹“减”与“增”的关系，继续推进实施国家节水行动，加强水资源保护，加快供水骨干工程建设，提升江河湖库调蓄能力，保障水资源供应安全；

三是统筹“盆”与“水”的关系，持续加强河湖生态要素管控、涉水空间管控和水生态系统治理，保障水生态安全；

四是统筹“补”与“强”的关系，建设淮河下游水利基础设施网络和智慧水利工程，保障淮河流域高质量发展。

3 治理思路

3.1 统筹“蓄”与“泄”的关系，兼顾防洪安全与社会发展

（1）妥善处理滞洪区运用与下游泄洪通道建设的关系。

通过建设淮河上、中游洪水经洪泽湖蓄滞，由入江水道、入海水道等 5 条水道排洪入江、入海的防洪体系，淮河水系下游治理后的现状防洪标准达到 100 年一遇。根据《淮河流域防洪规划》，这一治理标准是在洪泽湖周边滞洪区全部滞洪的前提下才能实现的。目前滞洪区共有 96.3 万人，耕地 138 万亩，还有泗洪县城、洪泽农场、三河农场及多处乡镇所在地，滞洪与区内群众生产生活之间的矛盾突出。

根据目前的调度运用办法及下游泄洪河道的泄洪能力对洪泽湖周边滞洪区进行

分析，在洪泽湖水位达到 14.5 m 时破圩滞洪，洪泽湖周边大面积地区投入滞洪，损失很大。应考虑分级控制、分区使用，即洪泽湖水位达到 14.5 m 时先在滞洪效果显著、滞洪损失小的迎湖低洼圩区滞洪；待水位继续上涨，下游泄洪河道泄流能力得到进一步发挥，再视汛情变化滞其他圩区和坡地。这有利于下游各排洪河道发挥排洪能力，发挥大洪水时的削峰蓄洪作用，同时可相对减少洪泽湖周边滞洪的损失。

江苏省淮河水系东临黄海，洪泽湖洪水入江和入海的路程都是 150 km 左右。通过 70 多年的建设积累，目前我们已具备了进一步扩大入海出路、提高下游防洪标准并彻底解决洪泽湖周边滞洪区问题的条件。今后，需要从经济社会稳定发展和流域防洪安全的角度研究统筹扩大淮河下游泄洪通道的规模、方式，科学运用洪泽湖周边滞洪区，将滞洪区的全部或部分调整出去，不再滞洪。

（2）统筹滞蓄洪水与扩大河道泄量的关系。

对沂沭泗水系下游的治理主要是兴建了以微山湖、骆马湖、石梁河水库为调蓄控制，以中运河、新沂河、新沭河为骨干排洪河道的“两湖一库控制、三条河道排洪”防洪体系。根据《沂沭泗河洪水东调南下提标工程规划》，现状防洪标准为 50 年一遇，需要提高至 100 年一遇。黄墩湖滞洪区的滞洪范围虽经调整，但仍有约 230 km^2区域在遇超标准洪水时需要使用，区内共有 13.4 万人，耕地 20.8 万亩。滞洪区的洪水风险制约了区内基础设施的建设，影响投资环境的改善，束缚了经济社会的发展。骆马湖宿迁大控制三角区虽是骆马湖调蓄洪水的一部分，但一直未主动退守进洪，也未进行系统治理，区内生态环境不容乐观，已成为宿迁市生态文明建设的薄弱点，不利于保障南水北调送水水质，与大运河文化带建设也极不协调。

1971 年的治淮战略性骨干工程规划就已明确将沂沭河上游 50~100 年一遇来水总量的 80%直接东调入海。在东调南下续建工程实施完成后，以沂沭河为主的洪水东调量约为 60%。实际工程运用中，2019 年和 2020 年东调水量仅为 31.7%和 41.2%。分沂入沭是实现沂河洪水东调的关键性工程，东调南下提标工程中要再对分沂入沭的规模进行深入挖潜。要力争沂沭河洪水东调水量达到 70%左右，须系统研究石梁河水库调蓄、新沭河扩大规模与东调水量的关系，合理选取沂河、分沂入沭、沭河、新沭河等河道的提标规模。

沂沭泗水系洪水东调南下提标工程可进一步扩大新沂河工程规模，彻底解放黄墩湖滞洪区和骆马湖宿迁大控制三角区。经初步分析，若黄墩湖不滞洪，则新沂河沭阳段设计流量需在现有基础上增加 800 m^3/s，即由 7 800 m^3/s 扩大至 8 600 m^3/s。若在此基础上，新沂河沭阳段设计流量再增加 600 m^3/s，即达到 9 200 m^3/s，则可彻底解放骆马湖宿迁大控制三角区。

3.2 统筹“减”与“增”的关系，保障供水安全

（1）推进国家节水行动计划，推进南水北调东线二期工程建设。

继续推进国家节水行动计划，严格控制用水总量。将万元 GDP 的水消耗量纳入地方政府高质量发展的考核指标体系，全面推行节水减排、节水降损等全民节水行动，促进社会文明进步。全面实施“合理分水”，将全省主要河湖水量分配至市县，全面完成跨县域河湖水量的分配工作。

南水北调东线一期工程已基本完成，为了更好地发挥工程效益，江苏省境内尚需实施必要的完善性配套工程，需要考虑实施输水线路完善工程、输水干线水质保护工程和输水干线节水计量与监测监视工程。

适时推进南水北调东线二期工程建设。江水北调工程多年年平均供水量 129 亿 m^3，一般年份可满足受水区需要，但遇到干旱年份及每年 6 月的灌溉高峰期，江水北调、南水北调工程就不能满足用水要求，如 2019 年在用足江水北调和南水北调工程并采取了应急措施的情况下，洪泽湖 7 月水位仍有 22 天低于 11.5 m 的生态水位，其中有 3 天低于 11.3 m 的死水位。如果实施南水北调东线二期工程，在 6 月11 日—9 月10 日不需北调期间可向江苏省内供水，6 月—7 月江苏省可增加供水量为 12.8 亿 m^3，洪泽湖平均水位可达 12.0 m，比 2019 年同期水位高 0.5 m。

（2）动态控制洪泽湖汛期水位，提高苏北水资源保障能力。

江苏省苏北地区用水高峰期是每年 6 月中下旬，如果在 6 月 1 日前将洪泽湖水位降至 12.5 m，一半以上的兴利库容在用水高峰期将不能发挥作用。洪泽湖受水区 6 月用水量 42 亿 m^3，洪泽湖水位 12.5 m 时兴利库容仅 15.3 亿 m^3，江都站满负荷运行一个月也仅能抽水 12 亿 m^3，一旦淮河上、中游没有来水，缺水量将达到需水总量的三分之一，对经济社会稳定带来不利影响。对洪泽湖实行汛期水位动态控制可提高苏北地区水资源保障水平，主要体现在：一是在长系列分析的 55 个年份中，破坏年份由 19 年减少为 7~8 年，供水保障程度大幅度提高；二是干旱年份平均可增加供水量约 8 亿 m^3，大幅度缓解干旱年份的缺水状况；三是江水北调抽水站多年平均装机利用率下降约 10%，节省工程运行费用。

淮河流域发生威胁洪泽湖及下游地区安全的流域性洪水只有在江淮之间的梅雨期时才具备长历时和大面积两个条件。洪泽湖水位由13.0 m降至12.5 m仅需34 h，由13.5 m降至12.5 m也仅需63 h。如果考虑气象预报信息及上游王家坝水情（至洪泽湖的传播时间为七八天），预泄时间就有更加充分的保障。淮河下游洪水出路的扩大、水情预报能力的增强和信息化水平的提高使得科学调度成为可能，新中国成立后历次淮河大水的实际调度经验也证明，每次流域发生大洪水时，洪泽湖的起涨水位都能通过工程预降调至12.5 m以下。

3.3 统筹“盆”与“水”的关系，保障水生态安全

（1）编制省管河湖保护规划，加强涉水生态管制。

江苏省率先在全国通过开展省管河湖保护规划编制，加强涉水生态空间管控，构建生产空间集约高效、生活空间宜居适度、生态空间山清水秀的国土空间开发格局。河湖保护规划的重点之一就是划定河湖管理保护范围和水域岸线功能区划，提出差别化管控要求。具体而言就是从涵养水源、调蓄洪水、保持水土、保护生物多样性、保障水生态系统完整性和稳定性等要求出发，合理确定涉水生态空间的功能布局。通过建立和完善河湖网格化管理机制，提高河湖空间管理水平。

（2）开展退圩还湖等水生态修复和监测，提升河湖生态功能。

通过实施退圩（渔）还湖工程，逐步恢复水域面积，结合入河（湖）支流治理和滨水岸带生态修复，开展水生态的保护和修复。“十四五”期间，将洪泽湖、骆马湖、里下河湖区作为全省退圩还湖的重点湖泊，规划恢复自由水面面积60 km^2以上。实施生态清淤和聚泥成岛工程，探索建立常态化清淤机制，打造河湖良好生态环境。开展生态河湖示范建设，恢复和建设滨水生态湿地，促进生态修复和保护生物多样性，提升河湖生态功能。

3.4 统筹“补”与“强”的关系，保障社会经济高质量发展

（1）补齐淮河下游水利基础设施网络。

水利基础设施网络建设重点是规划在空间上具有网络形态、在功能上具有“四水统筹”治理作用的水利基础设施网络建设方案，全面提高水利基础设施的水安全保障能力，改善水生态环境质量，提高水利基础设施整体效益，实现水利基础设施更高质量、更高效率、更公平、更可持续的发展。

淮河下游流域水网建设的重点是在已建淮河及沂沭泗水系防洪工程、江水北调

及江水东引调配水工程体系的基础上，开展必要的河湖生态调查评价和整治格局研究，调查区域生态水网连通状况，研究区域水利基础设施网络连通与防洪排涝、水资源配置、生态保护的关系，规划河湖水系连通与生态水网布局治理方案，为今后淮河下游地区河湖综合治理提供技术支撑。

（2）加强淮河水系水利工程调度的智能化。

水利工程的调度由经验调度转变为智能调度，体现水利工程智慧管理的能力和水平。防洪减灾非工程支持体系的建设与完善是水利工程调度智能化的重要内容。依托防洪调水工程体系，开展大数据、人工智能、信息技术、管理科学及计算机网络技术等最新发展成果与水利科技的交叉融合，实现复杂水利工程体系多目标综合调控，可以极大地提升现有工程体系的综合效能。

目前淮河、沂沭泗下游防洪工程体系已基本建立，以流域为尺度的防洪调度水平也在逐步提高，但统筹流域、区域、城市三个层次的防洪除涝协调调度还没有得到足够的重视。同时，还需要研究预报调度一体化技术，它可以根据预报成果，检索类似洪水的历史调度方式，智能规划出若干调度方案以供调度决策选择。由于水资源信息采集监测站网的建设存在不足，淮河下游的江水北调和江水东引两大供水区水资源统一调度的意识尚未完全建立，因此需落实各供水河段沿线市县水量分配方案，逐步实现水量、流量的双控制调度以满足未来更严格的水资源管理的要求。此外，还需要强化生态需水保障，将生态用水（如沿海港闸冲淤保港水量）纳入淮河下游区域水资源的配置当中进行统一管理和统一调度。要强化流域、区域、城市的生态流量调度措施，将生态调度从被动监控逐步转变为主动作为。

4 结语

新中国成立 70 多年来，江苏省治淮事业取得了巨大成就。本文着重分析了如何统筹处理淮河下游治理与保护的“四个关系”，依托已有的三大体系，构建更加先进且完善、均衡且协调的水安全保障体系。这既是今后淮河生态文明示范带建设和长三角区域一体化发展的重要内容，也是区域经济社会迈向更高质量发展之路的基础保障。

参考文献

[1] 江苏省地方志编纂委员会. 江苏省志·水利志 [M]. 南京: 江苏古籍出版社, 2001.

[2] 陈克天. 江苏治水回忆录 [M]. 南京: 江苏人民出版社, 2000.

太湖通江大型水利枢纽工程关键技术

高兴和[1]，吴 忠[2]，陈 晔[1]

（1. 江苏省太湖水利规划设计研究院有限公司；

2. 江苏省太湖治理工程建设管理局）

经国家发改委和江苏省发改委审批实施的新沟河江边水利枢纽工程（以下简称工程），由五孔总净宽 48 m 的中型拦河挡潮水闸（2×8 m+16 m+2×8 m）、大（2）型双向泵站（$Q_{排}=180\ m^3/s$，$Q_{引}=90\ m^3/s$）、Ⅴ级船闸（16 m×180 m）和长廊道多隔仓鱼道（宽 2 m）组成，具有改善水环境、挡潮、防洪、排涝、航运及生态保护等综合功能。

工程位于江阴市滨江村新沟河入江口，呈南北走向。闸站和船闸分别位于东西两侧，隔堤衔接。船闸在西侧，鱼道依附其西岸；泵站在东侧，单向泵靠岸，双向泵临闸。闸站、鱼道与船闸下闸首并列，与下游翼墙及江堤衔接形成沿江挡潮防洪线。管理区分别位于东西两岸，由内外道路互相沟通。(见图 1)

图 1　新沟河江边水利枢纽工程建成航拍图

1　工程条件及特点

工程位于长三角区域的苏南发达地区，是江苏省“十三五”期间太湖流域的水利重点项目。工程将作为流域超大型水体的太湖与长江连通，是当时江苏省沿江在建水利工程中条件最局限、技术最复杂、实施难度最大的大型通江水利枢纽工程。

1.1　水文工况条件

江潮涨落动态多变，与内河相对稳定的水位形成的双向水头是防洪排涝和调水引流的天然动力。工程的双向运行与控制运用具有明显的季节性特点，汛期排江和非汛期“引江济太”为常态；非旱非涝时，引排双向运行，“调水畅流”为主要运行工况。

1.2　地形地质条件

工程地处苏南经济发达地区，人口密集，土地资源十分珍贵；沿江冲积平原地势平坦，建筑物基坑及地基为富含承压水的松散砂性土，渗透系数为 10^{-4} ~ 10^{-3} cm/s，标准贯入击数为 12~18 击，地基允许承载力为 140~180 kPa，土体抗剪强度和承载能力一般，属于典型的沿江砂性透水软弱土地基。

1.3　水力衔接与结构布置条件

工程紧邻滨江大桥，船闸与集中布置的闸站并列分建，建筑物总宽大于河宽，两岸布置局限，入江滩面淤积宽且浅，上下游存在弯道和渐变水力衔接；站房临空高度为 45 m，岸墙挡土高度为 16~18 m，闸站多层结构复杂，体量高大；船闸整体为 U 型闸室结构，属于水工大体积钢筋混凝土结构。

1.4　专业衔接及施工特点

工程涉及水工、水力机械、金属结构、电气及自动化、房建、道路桥梁和市政绿化等多个专业，工程的交叉和衔接错综复杂；分期实施的基坑需双向截渗；施工期跨多个汛期，需度汛；主基边坡高于 15 m，属饱和砂性软弱土上的高边坡、深基坑；机泵安装非常规条件，试运行受到局限。

2　关键技术研究与应用

项目利用无锡、常州境内老河道进行拓浚整治，将长江和太湖两个超大型水源相互连通；通过口门控制，利用潮差并渗透人为干预，获得双向水头，形成往复水流，使太湖流域河网水体按治理需要有序流动，从而达到改善水环境和防洪、除涝等目的，实现江湖联通的各项综合功能。江边枢纽工程是新沟河通江达湖最重要的龙头口门，是保证太湖及其内陆河道适宜水位并抵御长江洪潮的重要屏障，是全面实现新沟河综合功能最重要和最有效的控制性工程。为最大限度地实现太湖通江综合功能，本文针对通江大型枢纽工程特点和复杂条件，利用科研课题或专题研究与设计、模型试验验证与优化等手段，对项目各专业关键技术进行了重点研究，获得了成功应用于该工程且具有推广应用价值的多个重大关键技术。

2.1 水功能多模型耦合一体化技术

采用太湖流域河网湖泊水量水质模型、太湖与长江二维水流水质数学模型等完全耦合一体化技术，重点分析在典型年型实况下，工程实施对水环境、排水出路、供水与防洪效益的影响及其实施的可行性。根据降雨径流模型及负荷模型的废水排放量，河网水质模型模拟结果，耦合计算，加上引、排作用，模拟河网水流运动；利用水量模型的水文条件和污染负荷模型的负荷量，模拟河网水体水质；采用MIKE21软件建立长江水域二维水流水质数学模型，模拟对排江水质的影响。经耦合优化的结果，更真实地反映了流域河网各项水功能要素的情况，符合江湖河网实际。项目实施将增强区域北排长江的能力，有效减少入湖污染，促进西太湖三个湖湾水体的交换，改善湖湾和区域河网的水环境，保障饮用水源地供水安全，生态、经济和社会效益显著。该技术为太湖流域通江河网综合功能的研究和可行性分析提供了新思路、新方法，也开创了工程先例。

2.2 工程选址布局优化及数模验证研究

前期拟定工程选址牵涉高等级变电所及输电线路搬迁，实施难度大。初步设计阶段，按避让优化调整：将枢纽向东偏移，并缩小闸站与船闸的间距和隔堤宽度，增设截渗墙，可解决深基坑双向防渗难题，减少征地 135 亩，节省投资 1.79 亿元（占比 25%），工程布局相对更紧凑、合理和经济，优化效果与效益显著。

总体布置中，闸站按“浅基础靠岸、深基础居中、阶梯式高差”的形式布置，使衔接高差呈阶梯式分级，大大减少了单、双向泵进出水池与护岸之间高差衔接的工程量。在施工图设计阶段，通过数模优化研究，进一步优化并验证工程总布局，在增设隔水、导流及截渗设施后，工程区域各工况水流流态良好，分期基坑防渗安全可靠，引排和航运安全指标均符合规范要求，工程选址与布局更趋经济合理、安全可行。

2.3 控制运用方式与编制安全运行指南

本工程闸门控制采用升卧式与直升式钢闸门组合：节制闸中孔兼顾通航，采用升卧门，两侧边孔设胸墙，采用直升门；船闸为升卧门组合直升门输水方式。手动与自动控制，操作简便且灵活机动，设备选型经久耐用，安装简便。工程结构优化使设备维护、管理和检修更为便捷，更能适应沿江潮位频繁变化的双向挡洪泄流及通航等复杂运行工况的要求。

沿江口门控制后，顺向水头时，内外随潮位涨落可获得双向自流条件；逆向水头时，关闸开泵，可全天候实现双向引排或拦蓄功能。相对于泵站提水，水闸运行效率更高，能耗更低，更经济。为适应潮位动态变化，沿江水闸的调度原则为双向运行，适时启闭，适量过流，动态控制。研究并充分利用闸站综合功能，意义重大。工程交付使用后，专题研发了水闸引排安全泄流计算与绘图软件，并利用该软件进一步编制形成沿江工程安全运行指南。该成果可操作性强，对沿江口门控制运行具有普遍和直接的指导作用。

2.4 高刚度T型高支挡结构研究与应用

为解决单、双向泵下游较大高差衔接，以及深基坑、高边坡防渗和永久支挡等关键技术问题，本文研究了砂性软土地基上临时、永临结合和永久性三种断面形式的高支挡结构，其核心技术为结构组合变形技术，由液压抓斗成槽、地下T型地连墙紧密连续形成。

这一专题以“扶壁式”和T型钢筋砼结构技术、地下桩土共同作用的悬臂式结构技术和成熟的地连墙技术为研究基础，侧重于提高结构刚度和抗弯承载能力，将薄壁地连墙变形重组，形成T型高刚度、高支挡结构。理论研究和实践证明，该结构功能技术指标满足规范要求，达到预期效果，其增大扶壁体刚度、减小变形和提高承载力等作用显著，支挡、防渗、整体性和耐久性等性能优异，具有免（少）挖填特性，节约工期和用地，避免边界矛盾，适应软土类各种边界条件，结构尺寸可调，组合多变，经济实用，后续仍有组合预应力技术的研发价值，并有望在水利水运行业的地下、临水高支挡工程中广泛推广和应用。

2.5 “双廊道组合底流输水的闸首”结构的优化与应用

低水头时，直接开启主门门底输水，高水头时，短廊道对冲输水；结合桩基布置，借助计算机辅助设计，利用已有的成熟的坞式结构，对其墩墙进行优化与改进，形成对称空箱结构，置于桩基上，廊道位于下部空箱内，上部空箱作为控制楼基础，既满足闸首结构的布置需要，大大改善结构受力条件，又兼顾输水廊道功能和生产用房与上部结构之间的衔接要求，工程结构布置紧凑，功能齐备。该结构的优化解决了闸首地基处理、船闸输水、对冲或底流消能、防冲、控制楼载体及上下空间衔接和交通沟通等功能性技术问题，使控制运行灵活简便。该技术已在走马塘、新沟河、新孟河等通江大型枢纽中得到广泛应用。

2.6 大跨度整体闸室结构优化

船闸闸室高 8.5 m，底板宽 20 m，高宽比小，跨度大。考虑沿江粉砂土地质特性，采用水泥搅拌桩复合地基上整体坞式结构，具有整体性好、刚度大、地基应力小，以及抗渗性能好、结构简单、施工方便等显著优点。采用梯级加深复合地基、预留沉降、设置后浇带、组合式止水、分期回填和回升地下水位等一系列简易措施，再运用变截面优化处理和大体积砼抗裂控制措施，不但节省工程投资，而且有效解决了大跨度整体结构抗裂以及基础处理、防渗、抗浮、稳定和沉降等一系列功能性问题。经实践验证，工程达到既经济又安全的预期效果。工程仅按常规方法进行了优化，未能尝试开展非常规结构研究。如条件许可，类似工程可将预应力技术引进大跨度水工结构中，为水（地）下大跨度结构尝试研究新方法、开拓新思路。

2.7 大体积砼抗裂防治措施

本工程主体结构体量大，属大体积砼结构，需采取温控和抗裂措施，降低内部温升，控制内外温差，避免产生温度裂缝。针对一期闸室大体积砼结构，在分析裂缝成因和大体积特征的基础上，通过改善地基约束条件、优化结构体量，并采取布管通水冷却、掺抗裂外加剂以及配置温度钢筋等多种设计和控制措施，结合施工环节自拌混凝土原材料及配合比控制、温度监测及控制、浇筑及养护控制等措施，有效降低大体积砼结构内部的温升，使内外温差符合规范要求。二期闸站大体积砼结构施工继续落实各项抗裂措施，达到预期效果。实践证明，通过设计和施工两个环节的多重有效控制，工程取得了理想的实施效果，获得了宝贵的抗裂经验。

2.8 “双竖缝多隔仓双向洄游鱼道”设置

鱼道是供鱼类洄游过闸的人工水槽通道，它能满足鱼类上溯习性。在鱼道低水位侧，鱼类依靠水流吸引，逆流进入，克服流速溯游至高水位侧。在对沿江过鱼种类、生物学特征、生态特点及鱼类习性等进行深入调研的基础上，结合运行工况和水闸结构设计，将鱼道依附水闸及上下游翼墙布置，并采用“长槽型双侧竖缝多隔仓”结构，将狭长水槽上、下游总水头通过多个竖缝和隔仓分成若干小的梯级，利用水垫、沿程摩阻和水流对冲、回旋、扩散来消除水头能量，形成各种鱼类喜好的流速动态变化的溯游水流。

专题调研和数模验证表明，鱼道布置与体型设计符合长江口双向过鱼水文特性，过流参数符合鱼种习性，能够满足鱼类洄游需要。工程建成后，实际动态观察，洄游季节各鱼种往复溯游频繁，证明设施运行有效。该鱼道结构简单，尺寸可变，施工简便，具有通用性，可在江苏沿江区域广泛推广与应用。

2.9 机泵选型与装置模型优化试验与研究

经综合比选，工程采用立式开敞式轴流泵，电机与水泵竖向布置，结构简单，制造、安装技术成熟，运行可靠，维修方便，可参考的运管经验丰富；双向泵采用平面蜗壳式进水流道，出水方式为锥形管轴向管口四周出水，正、反向运行效率一致，流道几何形状简单，施工方便，且泵型为抽芯结构，与电机直联，轴向力由电机承受，安装、维修方便，运行可靠；单向泵为钟形进水流道，挖深小，底板面与双向泵箱涵式流道一致，单、双向泵进出口断面相同，整座泵站结构统一，施工简便。

在水泵装置 CFD 优化及试验研究中，对流道三维湍流进行数值模拟和优化，使流道型线更优，水泵装置最高效率提高 1.3%~1.9%，进一步提升了泵的性能，节能降耗；同时，综合考虑流速分布均匀度及其水力损失两个目标函数，对双向流道喇叭口高度进行多方案优化，当进口高为 0.57D 时（D 为叶轮直径），水力损失小，流速分布均匀度最好；当出口高度为 0.48D 时，流道水力性能最优。以优化的双向流道配置优选泵型，进行装置模型试验，在低扬程 3.26 m 时，装置效率达 71.2%，可为同类型泵装置优化提供参考。

2.10 双速电机技术及其推广与应用

双速电机技术的特点是通过调节使机组具有不同转速，从而有效调节水泵高效区。同步电机变极调速的难点为转子变极，按“虚拟槽”理论，将凸极转子视为隐极转子圆周表面均匀分布的齿槽，遵循两种极数下绕组系数最大、谐波含量最低且保持转子凸极结构不变的原则，用迭代法不断构建转子变极方案。其核心技术，即“虚拟槽位法”的导体利用率高，谐波含量低。根据测试结果，引、排设计工况下水泵装置效率分别提高 8.1%和 9%，可节省 18%和 8%的电费，节能效果明显。本项目的研究与应用解决了在双向泵扬程变幅大、工况复杂情况下的电机高效运行、结构与设备互换性等关键技术问题，为新建泵站或泵站更新改造直接更换双速电机创造了条件，可在机泵领域推广应用。

2.11 机电设备非常规安装及试运行技术研究

因度汛需要，工程需提前通水，要求机电设备进行水下非常规安装与试运行。泵站共 6 台立式机组，设备总高 15 m，按预设检修工况将其分为三批，每两个块体各一台机组同期对称安装，自下而上分层安装。其间，利用工作闸门挡水，泵室设泵抽排，形成安装环境。不同于常规条件安装，站外江潮涨落形成双向动态多变水头，加上泵室排空水体后的浮力作用，站身重心动态变化，且随机组不同而存在较大差异，而机泵轴向高度大，微小变形便会影响安装精度。根据已有经验，机泵高精度安装须顺应潮位规律，在潮差较小且相对平稳的条件下进行，并经连续多天多潮位反复调试和监测验证，直至各安装参数及指标精度符合要求。

机泵安装完成后，需试运行进行调试。对分批具备条件的机泵，充分利用汛期和非汛期内河高低不同水位和长江动态变化潮位条件，择机打开水闸，采用打循环水的方法，获得机泵双向连续试运行工况，直至满足要求。经反复调试，顺利完成非常规机泵安装和试运行，一次性通过验收，投入运行后一切正常。

3 关键技术应用总体效果与效益

工程批复概算总投资 54 935 万元，2013 年 12 月 26 日开工建设，2018 年 6 月全面完工并投入使用。主体水下工程已不可见，水上建筑跨河凌空，体量宏大，外观庄重且气势磅礴，工程内外道路、景观、绿化相互衔接与点缀，使得工程环境与总布局和谐雅致，俨然一幅以大型水利设施为主题的美丽画卷，已成为苏南沿江现代大型水利工程的形象名片。

截至本文成稿，闸站累计引水 2.95 亿立方米，排水 10.5 亿立方米；船闸通过量 5 395 万吨。工程已经历多个汛旱季考验，建筑物及设备运行正常，引排顺畅，控制有效，总体状况良好；预计在全寿命期内，江湖联通的控制运用可获得改善水环境的多年平均效益 27 995 万元/年，防洪除涝效益 25 125 万元/年，水资源综合利用效益 11 755 万元/年，通航效益 1 050 万元/年，综合效益合计 65 925 万元/年。

4 结语

新沟河将长三角重要的超大型水体（太湖与长江）连通，新沟河通江大型水利枢纽是江湖联通的重要控制口门，工程的关键技术点多、实施难度大，其中的功能与规模、控制与调度、选址与布局、水工结构和机电设备等重大关键技术难题得到了有效解决，实现了工程运行经济安全的理想效果。工程在调水引流和防洪保安方面发挥了巨大作用，特别是 2018 年梅雨期防洪减灾效益显著，自 6 月 7 日至 7 月 31 日,50 多天排洪总量达 6.95 亿立方米，有效缓解了太湖湖西直武地区的洪涝灾害，减轻了流域防洪压力。在 2018 年汛后应急调水试验中，工程持续引水，沿线河网水动力和水质、水环境明显改善，综合效益显著。这一重要水利工程项目对经济社会高度发达的长三角地区高质量发展产生了积极和重大的影响。

参考文献

[1] 黄强. 深基坑支护工程设计技术 [M]. 北京：中国建材工业出版社，1995.

[2] 江苏省太湖水利规划设计研究院有限公司. 太湖流域与长江河网水动力及水量水质耦合一体化模型优化研究 [R]. 苏州：江苏省太湖水利规划设计研究院有限公司，2013.

[3] 孙娟. 基于多因子 PCP-C 耦合模型的流域历时洪水分类方法研究 [J]. 水利技术监督，2019 (2)：89-91.

[4] 高兴和，蔡平，程实. 万福闸泄流安全与调度运用研究 [J]. 水利水电技术，2013，44 (7)：107-110.

[5] 曹菊萍，李蓓. 水利工程控制运用对太湖流域水量水质的影响分析 [J]. 水利规划与设计，2017 (12)：61-65.

[6] 高兴和，吴忠，翟高明，等. 透水软基上T型高刚度高支挡结构的研究与应用 [J]. 人民长江，2018，49（11）：71-75，85.

[7] 殷俊鹏，张啸，阮怀宁，等. 基坑开挖对T型地下连续墙水平位移的影响 [J].科学技术与工程，2017，17（7）：232-236.

[8] 高兴和，严栋兴，吕犇. 透水软基上大跨度闸室结构选型——走马塘江边枢纽船闸闸室大跨度结构设计探讨 [J]. 江苏水利，2013（1）：10-13.

[9] 燕乔，张利雷，宋志诚，等. 大体积混凝土在通水冷却措施下的温控研究 [J].人民长江，2014，45（S2）：123-125.

[10] 郭文康，王述银. 粉煤灰品质对大体积混凝土性能的影响 [J]. 人民长江，2012，43（20）：66-69，74.

[11] 高兴和，吴忠，范天忠. 水工大体积混凝土抗裂实践与研究——以太湖治理新沟河江边枢纽工程为例 [J]. 水利水电快报，2018，39（4）：35-40.

[12] 丁志坚. 广西落久水利枢纽鱼道设计 [J]. 水利规划与设计，2019（2）：84-87.

[13] 江苏省太湖水利规划设计研究院有限公司，河海大学. 新沟河江边枢纽鱼道过鱼对象资源调查与数值模拟研究 [R]. 南京：河海大学，2015.

[14] 江苏大学流体机械工程技术研究中心. 新沟河江边枢纽泵站水泵装置模型优化试验与研究 [R]. 镇江：江苏大学，2014.

[15] 黄良勇，吴忠，张啸，等. 大型双向流道泵装置优化匹配与试验研究 [J]. 排灌机械工程学报，2016，34（7）：602-607.

[16] 何勇，顾晓峰，王雪帆，等. 双速同步电动机在大型泵站的应用研究 [R]. 南京：河海大学，2019.

[17] 杜海刚. 大型泵站机组安装与检修 [M]. 北京：水利水电出版社，1995.

[18] 高兴和，陈兴奎，王飞，等. 阳澄湖通江大型泵站扩建关键技术研究与实践 [J]. 人民长江，2019，50（2）：47-52.

[19] 潘小保，蔡斌，柳杨，等. 平原河网区调水引流研究进展 [J]. 水利规划与设计，2019（9）：10-12，72.

[20] 潘小保，范子武，柳杨，等. 闸泵堰联合调度下水质改善试验研究 [J]. 水利规划与设计，2020（3）：125-129.

新形势下江苏省海堤调整及建设思路探讨

甄　峰，翟高勇，徐　欢，沈　颖，黄苏宁
（江苏省水利工程科技咨询股份有限公司）

1　现状与背景

江苏省现有海岸线长度 954 km，北起赣榆县绣针河口，南至启东市江海交界的东南元陀。根据江苏省水利勘测设计研究院有限公司 2014 年发布的《江苏省海堤建设规划（2015—2020）》，海岸保护区内有连云港、盐城、南通三个沿海城市开发区和一些重要的临海工业区，保护区面积 2.4 万 km^2，保护区内共有人口 1600 万。1997 年，江苏省水利厅组织确认全省海堤堤线，确定主海堤长 774.5 km，并于 1998 年至 2005 年、2006 年至 2010 年实施了两轮海堤达标工程建设，2012 年又启动了海堤重点堤段补充完善工程建设。

2009 年，江苏沿海发展被列为国家战略，江苏从“背向大海”到“拥抱大海”，昔日的“经济洼地”正成为江苏经济发展新的增长极。在这一发展进程中，江苏沿海区域开展大规模开发和滩涂围垦，原有海堤格局逐步发生变化。根据江苏省水利工程科技咨询股份有限公司 2018 年《江苏省海堤堤线调整布局研究》，主海堤以外沿海历次围垦的围垦面积累计约 1 078 km^2，新建围堤 67 处，总长逾 600 km，匡围范围主要集中在射阳河以南淤涨性海岸。自 1997 年江苏省“海堤达标”工程确定海堤堤线以来，海堤外侧匡围挡潮堤一直在外扩，已有近 340 km 主海堤退居二线甚至三线，变迁围堤堤距一般为 2 km，最多的甚至超过了 5 km，海堤格局已发生较大变化。

江苏沿海地区处于长江三角洲区域一体化发展、“一带一路”倡议和长江经济带发展等国家重大战略发展叠加区，要保障区域发展安全，作为沿海生命保护线的海堤工程建设尤为重要。随着长三角区域一体化发展、江苏沿海经济带建设逐步展开，主海堤外侧垦区开发利用强度提升，临海区域城市化进程处于超常规发展状态，局部主海堤调整势在必行。近年来，海堤建设理念正在逐步转变，生态环境保护受到高度重视。国家发展和改革委员会、水利部2017年印发的《全国海堤建设方案》中，明确将“注重生态，落实绿色发展理念”作为基本原则之一，要求“更加注重生态保护，妥善处理海堤建设和海岸生态环境保护的关系”。

因此，江苏海堤建设迫切需要与新一轮沿海国家战略布局相适应，要把握自然规律，研究推进江苏省海堤布局方案的调整，调整海堤的质量评定与加固建设标准，推进生态海堤建设，这成为江苏省新时期海堤建设的重要任务。

2 形势与需求

2.1 海堤格局变化较大，堤线调整需求强烈

因挡潮闸及新围海堤外移，近半数已达标海堤已退居二线、三线，新围海堤成为“当家”海堤。但新围海堤未纳入省海堤管理体系，其建设缺少统一、科学的规划，标准也不统一，不能形成有效的防潮封闭圈。随着长三角一体化发展规划的推进，江苏将积极推动沿海经济带建设，加快港口、产业、城市的融合发展，推进基础产业向沿海布局，大力发展海洋经济和临港产业，促进长三角城市群北向发展的“蓝色板块”建设，届时将有更多基础设施及产业布局于现有海堤的外侧，与此同时，退居二线、三线的海堤形成的沿海开发区域的自然分隔将不利于围垦区域的综合开发和土地利用。海堤布局的现状已不能满足新时期沿海防洪保安及社会经济发展的需要，地方对海堤堤线调整的需求强烈。

2.2 海堤规划布局与建设需要加强协调

一线挡潮围堤日益成为市县防潮防台的重点，但其未被纳入省管要求的范围，对退居二线、三线的海堤进行加固建设的必要性已大大降低。在布局调整之前，市县海堤、围堤达标建设与管理任务繁重；因建管工作重心前移，目前二线、三线海堤局部破损严重，标准较低；沿海滩涂围垦堤线规划和围堤建设管理尚未被纳入省级海堤建设管理范围，水利部门的行业指导和监管作用未能充分发挥，不利于沿海地区防洪挡潮、水资源供给、入海河道治导线保护以及达标海堤调整确认，滩涂围垦规划与海堤堤线规划布局需要加强协调。

2.3 海堤建设需更加注重生态环境保护

《全国海堤建设方案》明确要求“注重生态保护，妥善处理海堤建设和海岸生态环境保护的关系。科学布置堤线，尽可能维护海岸自然形态，严格履行环境影响评价程序，切实落实生态环境保护措施”。现状海（围）堤建设一般采用混凝土材料护砌，“三面光”的断面形式与海岸环境保护的要求不相符。研究开发生态友好型的海堤工程技术和方法、开展海堤工程的生态建设是现代水利工程建设的重要任务和必然趋势，也是新时期水利建设践行习近平生态文明思想的工作要求。

2.4 海堤建设与海堤调整确认需要技术指导

江苏现有海堤建设规划及相关建设标准均针对主海堤，沿海围垦堤未被纳入海堤管理体系，沿海新建围堤的建设主体各异、标准不一，且新围海堤多采用内外充泥管袋棱体结合堤芯吹填土的构筑形式填筑，对于调整海堤确认涉及的相关海堤技术标准、质量评定指标体系是否满足主海堤要求，现有的相关规定文件还缺乏技术指导。

3 海堤调整及建设研究内容

3.1 海堤调整布局研究

随着滩涂围垦海域的审批收紧，新围海堤堤线近期不会出现大变化。海堤堤线调整布局基于现状，着重研究解决现有海堤堤线布局与区域防洪、引排水、海堤建设管理和沿海开发规划布局不相适应的问题。要针对沿海滩涂地貌、动力特征及其冲淤特性，综合考虑拟建建筑物位置、已有工程现状和生态环境保护等因素，研究调整堤线布局。

（1）总体工作思路

① 沿海挡潮堤建设管理现状调查分析。

通过对沿海实地调研，收集近年来海堤及滩涂围垦围堤工程建设管理的基础资料，结合当地堤防管理部门、垦区建设开发相关部门的意见，研究区域防洪（潮）形势、海堤堤线布局存在的问题及解决问题的努力方向。

② 提出海堤堤线调整布局方案。

在分析江苏省海岸线类型、沿海滩涂地貌与动力特征、冲淤变化及滩涂淤涨规律的基础上，考虑海堤堤线调整布局与湿地保护问题，尤其是自然保护区及河口湿地保护问题，还要考虑现有沿海港口、深水航道资源保护问题，满足未来深水港口及产业、城镇发展需求，研究提出海堤调整布局方案，确定沿线适宜调整的海堤范围和堤线前移的海域范围。

③ 海堤堤线调整布置的影响分析。

通过数学模型研究，选取两三个典型海岸段，计算分析不同堤线调整布置方案引起的沿海动力场变化，以及对附近海洋动力的影响，研究确定典型海岸段海堤堤线可调整范围及最优堤线走向。结合典型段分析结果，综合考虑海堤、海滩和海岸的动态联动效应，科学合理地制定不同区域海堤堤线调整布局及其具体方案。

④ 海堤调整后风险等级划分和设防标准复核。

海堤堤线调整前移后，成为一线挡潮堤，与现状海堤相比，其保护对象、遭受风暴潮强度均增加，因此要提出典型区域调整海堤的风险等级划分，对调整后的海堤设计指标标准进行复核。

（2）调整原则

① 确保防洪除涝安全原则。

调整海堤线应与现有海堤构成完整的防洪挡潮封闭圈，符合入海河道治导线管理与保护要求，不影响入海港道各项功能以及区域排涝和河流的入海。

② 规划符合性原则。

调整海堤应符合区域经济发展总体规划、流域（区域）综合规划、相关专业（专项）规划，并符合生态环境保护和港口岸线资源科学利用的要求。

③ 相对稳定、突出重点原则。

以 1997 年“海堤达标”工程确定的海堤线为基础，调整范围包括：已批准实施的挡潮闸下迁工程，与两侧现状海堤或与邻近挡潮闸衔接封闭的已建围堤；国家及省沿海开发规划、滩涂围垦规划实施的港口、港城等重大开发建设项目以及大面积滩涂围垦已建围堤。

④ 多线选择的原则。

已有两道及以上海堤的堤段，根据堤防标准、质量、抗风暴潮能力、侵蚀规律，合理选定海堤线。淤涨段一、二线堤防抗风暴潮能力接近的，以一线海堤作为规划海堤线。选择侵蚀段海堤时充分考虑侵蚀规律，两堤相距较近时，可以二线海堤作为海堤，以一线海堤作为主实施保滩护岸工程。

⑤ 堤线布置的具体原则。

调整后堤线布置应平滑顺直，走向宜选取对防浪有利的方向，避开强风和浪潮的正面袭击，合理利用已有堤线和有利地形。

（3）布局方案

基于现状围垦堤，按堤线调整原则及研究思路，初拟布局方案。

① 连云港市：境内绣针河口—兴庄河口、大板跳—燕尾港段海岸带为微侵蚀、侵蚀型海岸，西墅—烧香河北口段为稳定岩基型海岸，兴庄河口—西墅岸线为稳定型岸线。境内围垦开发集中在兴庄河口—西墅段稳定海岸带。综合现已围垦规模、围垦区海岸段冲淤状况、区域水利治理及挡潮闸下迁情况，本次仅将连云新城段（临洪口—西墅段）堤线前移调整至一线围堤。

② 盐城市：境内海岸带以射阳河分界，射阳河口以北为粉砂淤泥质侵蚀性海岸，射阳河口以南为粉砂淤泥质淤积性海岸，境内垦区主要分布在射阳河口—东台河口（射阳河口—四卯西河口之间的现状是大片围垦开发，位于盐城市丹顶鹤国家级自然保护区核心区与缓冲区范围，不调整）以及沿海辐射沙脊群核心区的条子泥区、方塘河—东凌港区。3 个区域围垦开发面积大，部分挡潮闸已下迁。调整方案与保护区及大丰港规划布局衔接，境内大丰港区海堤调整至王港闸、竹港闸、川东港新闸一线海堤。条子泥及方塘河闸南侧区，调整至二线围堤与海安衔接。

③ 南通市：境内海门东灶港—启东蒿枝港为粉砂淤泥质侵蚀性海岸，其余均为粉砂淤泥质淤积或稳定型海岸。南通境内垦区主要分布在方塘河—东凌港之间、沿海辐射沙脊群南翼岸外沙脊垦区（主要为腰沙—冷家沙）、遥望港—连兴港沿岸边滩。3 个区域围垦开发面积大、连片，部分挡潮闸已下迁，匡围堤线顺直。这 3 个区域海堤线调整至一线围垦堤。

3.2 海堤确认技术条件研究

2016 年，江苏省水利厅制定了《江苏省海堤调整确认工作意见》，明确了围垦堤调整为主海堤的调整程序。调整海堤确认为主海堤的关键是工程质量安全，但江苏现有的海堤技术文件规定缺乏指导作用。

除国家和行业通用规范外，江苏省海堤设计的主要依据是 1997 年的《关于印发“江苏省江海堤防达标建设修订设计标准的通知”》，该文件规定了海堤堤顶高程采用抗御50年一遇高潮位加10级风风浪爬高和安全超高，给定了各段海堤代表潮位站设计潮位、风浪爬高及设计堤顶高程，规定了海堤堤顶宽度、坡度，以及防护工程标准。

江苏省现有海堤技术文件规定主要针对碾压式土质结构的主海堤，而新围海堤多为内外充泥管袋棱体结合堤芯吹填土堤，其技术设计缺乏相关质量评定指标体系的要求。由于保护对象重要性的变化，大多数的防洪潮设计标准有所提高，海堤线外移使海堤经受的风浪冲击增大，故原文件规定的设计潮位、风浪爬高、防护工程标准等相关设计指标参数均已不适合调整海堤的新要求。

因此，为推进江苏海堤调整确认工作，亟需出台江苏海堤建设管理技术规定文件，重点调整和明确防潮标准、设防潮位及吹填砂堤等相关技术参数，解决调整海堤质量评定技术条件的制约问题。

（1）防潮标准

自1998年达标建设开始，江苏省海堤设计一直采用省水利厅苏水管〔1997〕80号文件确定的工程设计标准：设计潮位为50年一遇高潮位，工程等别为Ⅱ等，堤顶超高为10级风风浪爬高加安全加高。该标准从制定之初一直沿用至今，但所调整海堤的保护区经济、城镇人口、工矿企业即海堤的保护对象已发生了较大的变化，同时海堤设计规范要求“设计波浪和设计风速的重现期宜采用与设计高潮位相同的重现期”，因此需要结合保护区现状及规划布局，分段拟定出调整海堤防潮的设计标准。

（2）沿海潮位变化

重新统计分析沿海15个观测站的基本资料，分析各潮位站各频率高低潮位和潮位过程随着系列的延长有无阶段性变化；再结合历年台风暴潮实测资料，分析评估沿海和各河口高低潮位变化对沿海及各河口海堤防洪御潮安全的影响；对调整海堤设计提出潮位站的选择建议，明确提出每个河口和沿海各段海堤防洪御潮设计应该采用的具体潮位站的观测资料，为今后调整海堤设计标准复核及海堤设计提供依据。

（3）堤身设计及地基处理

目前，江苏新围海堤多采用内外充泥管袋棱体结合堤芯吹填土的构筑形式填筑，现有规范对筑堤材料、充砂管袋材料及填筑标准等技术指标未给出明确的规定，对于新围海堤调整为主海堤后如何评定其工程安全质量，尚存在技术条件的制约。

江苏海岸带类型多为粉砂淤泥质，现有规范对管袋材料反滤、强度及耐久性未做具体要求；砂性土填筑标准目前以相对密度控制堤身土密实度，工程设计时根据吹填土料参数结合规范确定设计压实干密度作为施工控制依据，但江苏新围吹填海堤多无法碾压，压实度或相对密度多不能满足规范要求，目前多以变形控制为目标，无具体的填筑指标参数；由于沿海堤基一般软土层较厚，项目建设过程中，一般不进行沉降量控制，只控制沉降过程中堤身结构的稳定性以及相邻建筑物的沉降差，并保证使用期内堤顶高程满足要求。

3.3 生态海堤建设研究

西方发达国家的沿海堤防工程建设和管理多采用综合的海岸防护策略，其中生态环境保护是一项重要内容。在过去的数年时间里，采用块石、混凝土的硬性工程受到质疑，与自然环境更为协调的柔性措施逐渐被采用，并重新进行海堤规划和布置，柔性措施包括提供更多的海陆缓冲、增加潮间带生物栖息地等。

江苏海岸带多为淤泥质类型，沿海具有较广阔的潮间带，生态海堤的研究应以海堤堤型及结构设计、建筑材料选取、海堤生态带构建、护滩养滩等为重点。

在生态海堤堤型及结构设计方面，在保障海堤防洪、防潮、防浪安全的前提下，进行迎海侧堤防的结构及尺寸的优化，如护坡坡度、护坡材料厚度、碎石粒径、碎石级配等。在条件适宜时尽可能缓坡入海，促进近岸海洋生态的重建。

在建筑材料选取方面，海堤建筑材料应考虑生态和景观方面的需求，采用绿色环保、适合当地海域生态系统的无害化建筑材料，以利于植物生长和藻类、贝类附着，有助于恢复生物多样性和促进生物多样性的发展。

在海堤生态带构建方面，应因地制宜采用生态格栅、生态护面等生态设计措施，构建灌草结合、多种群交错的梯度布局。

在护滩养滩方面，应关注堤前滩涂改造与生态重建，以增加护滩植被物种多样性为目标，尽量恢复海岸的生态涵养、鸟类栖息、促淤消浪等功能，必要时可采用潜堤、离岸堤、丁字坝等工程措施及植物护滩措施。

江苏省两轮海堤达标工程建设成效显著，为保障沿海地区经济安全发挥了重要的作用。随着沿海地区社会经济的快速发展，现状二线或三线的海堤布局已不再适应沿海经济发展对防洪的需求，需推进江苏省海堤调整确认工作及生态海堤的建设发展，为“强富美高”新江苏的高质量发展提供保障。

参考文献

[1] 江苏省水利勘测设计研究院有限公司. 江苏省海堤建设规划（2015—2020）[R]. 扬州：江苏省水利勘测设计研究院有限公司，2014.

[2] 江苏省沿海地区发展办公室. 江苏省“十三五"沿海发展规划 [R]. 南京：江苏省沿海地区发展办公室，2016.

[3] 江苏省水利工程科技咨询股份有限公司. 江苏省海堤堤线调整布局研究 [R]. 南京：江苏省水利工程科技咨询股份有限公司，2018.

[4] 陈斌林. 连云港近岸海域环境演变及其对策研究 [D]. 上海：华东师范大学，2006.

[5] 范航清，何斌源，王欣，等. 生态海堤理念与实践 [J]. 广西科学，2017，24（5）：427-434，440.

长江流域特枯水情的形成特征及对长江河口影响初探

陶晓东

（南通市水利勘测设计研究院有限公司）

近年来，长江流域干旱事件频发。由特枯水情引起的河口咸潮入侵是河口最具代表性的危害性水情，咸潮入侵造成长江口江水中氯化物含量剧增，导致江水水质达不到饮用水和工农业用水的标准，给人民生活和工农业生产带来严重影响。分析长江流域特枯水情的形成原因和特征，避免或减轻咸潮入侵的危害是改善长江口淡水水质和充分利用水资源的一个重要课题。

1 长江流域干旱的成因及其特点

长江流域不同区域的地形地貌复杂且变化较大，每当大气环流系统异常时，上游地区的春夏旱持续时间延长，中下游地区的多雨期出现“枯梅”或“空梅”，使伏旱提前，旱期延长，容易造成流域性干旱。

长江流域近年来大范围干旱事件频繁发生，尤其是2022年7月以来，长江流域降雨量较常年同期严重偏少，导致长江流域大范围干旱。

1.1 2022年长江特枯水情的成因分析

（1）大气环流异常是干旱的主要成因。2022年，受周期性的拉尼娜现象影响，大气环流异常，导致西太平洋副高压带强势西扩，长时间控制川、鄂、赣、皖等地区，造成大范围的旱情。

（2）梅雨和台风异常造成流域降水严重偏少。梅雨期持续时间短，部分区域几乎是“空梅”，之后七八月份的台风又未能深入内陆，未能产生明显降水。整个长江流域降水量均小于 50 mm，上游地区 8 月以来的累计降水量甚至小于 1 mm，导致 8 月流域旱情快速发展。

（3）持续高温也是旱情快速发展的原因之一。7 月以来，长江流域大部分地区高温日超过 15 d，中下游部分地区超过 25 d，安徽北部、湖北西北部等地超过 30 d。8 月上旬长江中下游地区的四川、重庆和湖北高温达到历史同期极值。8 月以来，整个长江流域的平均温度较 7 月上升一个等级，这也是 2022 年 8 月以来旱情快速发展的原因之一。

需要说明的是，受东亚夏季风系统影响，近年来长江流域的降水特征表现出相当的复杂性。2020 年 6 至 7 月发生超强梅雨，2021 年 8 月出现超强二度梅，而 2022 年却出现严重夏旱。由此可见在全球气候变暖的背景下，气候对长江流域的影响也是十分复杂的。

1.2　2022 年特枯水情特点分析

（1）受旱空间范围大。对比长江流域发生过的典型夏伏旱历史过程，2006 年旱情主要发生在长江上游地区，2008 年、2009 年、2013 年、2017 年、2018 年、2019 年主要发生在长江中下游地区，2022 年的旱情发生空间范围大，包括川、渝、鄂、湘、皖、赣 6 省（市），覆盖了长江干流的上游、中游和下游区域，较为少见，甚至影响到太湖流域。

（2）夏伏旱开始时间早、持续时间长。长江流域历史上典型的夏伏旱事件中，大部分年份旱情从 7 月中下旬开始发生和发展，8 月中旬前后达到高峰，8 月下旬受台风降水影响逐渐缓解，旱情一般持续 30~40 d。而 2022 年长江流域自 6 月中旬开始降水偏少，7 月以后旱情发展迅速，旱情发生时间提早了 20 d 左右，8 月中旬以后由于没有大范围的有效降水，旱情持续显著加重。

（3）长江中下游水位、流量较历史同期大幅偏低。2022 年 6 月 25 日以来，长江中下游水位持续消退，长江干流及洞庭湖、鄱阳湖水位较常年同期偏低 4.7~5.7 m，均为历史同期最低。长江南京站 8 月 9 日最低潮位 3.92 m，列历史同期第二低水位，水阳江、石臼湖、固城湖等水位偏低 1.4~3.5 m，水阳江、石臼湖创历史同期最低水位。根据卫星资料监测，2022 年 9 月 27 日鄱阳湖主体及附近水域的面积为 638 km^2，较历史同期平均偏小 7 成多，4 次创历史新低。长江大通站流量是中上游来水量的直接体现，大通站最小流量为 7 340 m^3/s（9 月 30 日），是 1951 年以来汛期最低值（2011 年，14 300 m^3/s），8 月、9 月径流量较常年同期偏少 53% 和 69%，列历史同期最低。10 月 5 日，处于正常洪季末期的大通流量降至 7 400 m^3/s，仅为三峡蓄水前的 10 月月均流量的 1/5。另外，宜昌站 9 月月均流量占大通站的 67%，湖口站 9 月月均流量甚至不足大通站的 7%（见表 1、图 1），这表明鄱阳湖补给水源较往年大大偏少。

表 1　长江中下游四站 2022 年 5 月至 9 月月均流量

m^3/s

站名	月均流量				
	5 月	6 月	7 月	8 月	9 月
宜昌	20 000	20 200	15 500	11 700	7 950
城陵矶	15 000	21 200	12 800	4 080	1 760
湖口	7 060	15 000	9 010	2 370	812
大通	39 000	53 200	43 600	21 100	11 800

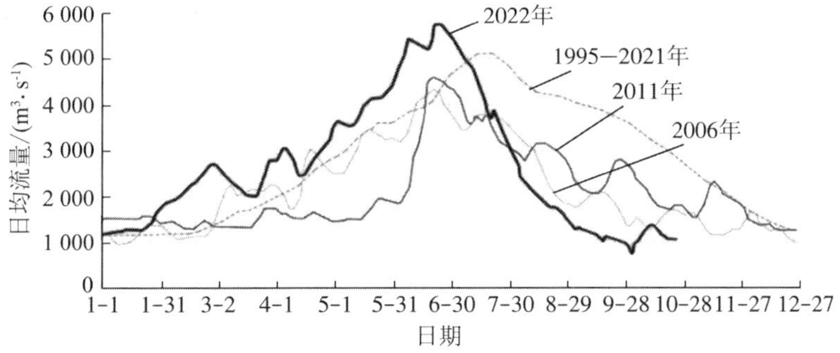

图 1　长江大通站日均流量曲线图

2　长江流域历史上的枯水灾害

长江流域最早的干旱灾害记录是公元前 190 年（汉惠帝五年）："夏，大旱，江河水少，溪谷绝。"根据 15 世纪到 20 世纪的历史资料统计，近 500 年来，长江流域平均每七八年发生一次重旱以上事件，其中中下游地区发生极旱的频率高于上游地区，每 23~27 年一次，而上游大约每 65 年一次。1637—1643 年为长期持续大旱，除四川外，长江流域其余各地区均遭遇旱灾，其中 1640 年"天下大旱"。20 世纪的 1928—1929 年也是特大干旱年份，其中长江中上游旱情最严重；1977—1979 年持续大旱对长江流域产生了严重的影响，1978 年是中华人民共和国成立以来干旱最严重的一年，干旱少雨和高蒸发量使得长江径流量大幅度减少，长江中下游1—10月的径流量为四五十年来的最低值。

从干旱的发生和持续特征来看，最常见的是夏秋连旱，其次是春夏连旱。长江流域出现夏秋连旱的概率最大，严重干旱周期大约20年一次，最严重的情形是在较大范围发生持续数年的干旱。

2000年以来，长江流域发生过多次夏伏旱，比较典型的有2006年、2013年和2019年，2022年长江流域发生的严重的干旱灾害呈现持续发展的态势，长江流域干旱灾害整体上呈现频发、重发的态势。

3 长江特枯水情对河口的影响

3.1 长江河口基本情况

（1）长江河口的水动力特征

一般意义上的长江口，上起徐六泾，下迄口外50号灯标，全长约181.8 km。长江口在徐六泾以下被崇明岛分为南、北二支，目前长江径流主要由南支下泄，而北支处于萎缩状态，北支河段分泄长江径流不足5%，以涨潮动力为主。

河口是一个复杂的自然综合体，淡水径流入海、咸潮上溯入侵是河口特有的自然现象。长江是世界第三大河，长江口的径流量大，在丰水期下冲淡水可扩展至很远的海域。但长江河口的潮流也很强，受潮汐影响的范围可以至距河口口门640 km的安徽大通，约占长江全长的1/10。当长江流域出现干旱时，径流减少，会出现咸潮入侵增强的情形，潮流一般可上溯到南北支分汊口以上的水域，这对上海及江苏的工农业和生活用水产生至关重要的影响，也对长江河口的环流、最大混浊带和拦门沙等的形成与变化产生深刻的影响。

（2）长江口的咸潮入侵

长江口咸潮入侵时口外高氯度海水分别从北支、北港、北槽、南槽四条汊道向口内上溯（见图2）。

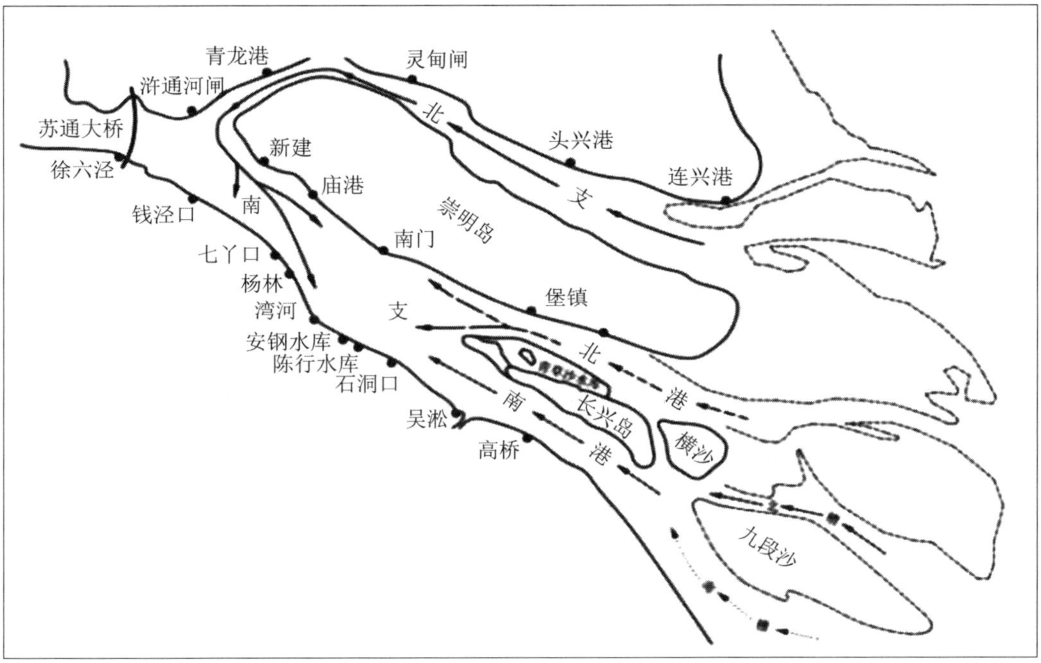

图 2　长江口咸潮入侵路径示意图

长江口北支曾一度是长江口的主槽，1958 年后通海沙与江心沙陆续围垦，进口入流不畅，造成北支盐水倒灌南支，北支从此变成一条以涨潮流占优势的涨潮槽，并开始萎缩。1970 年江心沙北汊封堵，徐六泾江面从 13 km 束窄至 5. 8 km，北支上口与长江干流几乎呈 90°夹角，北支分流比锐减，因此 20 世纪 70 年代以来的北支倒灌南支的情况进一步加重。

北支上段也是北支淤积最严重的区域，到 20 世纪 80 年代中后期，由于长江径流较丰，北支进口的堆积体受到冲刷，改善了径流进入北支的方向，北支倒灌南支的情况曾一度得到缓解。但近年来由于淤积加速，青龙港潮差呈升高趋势，导致涌潮加剧，又为涨潮流倒灌南支提供了动力。

3.2　近年来长江口咸潮入侵的特点

（1）长江口咸潮入侵的主要特征

在地球科氏力的作用下，长江河口出现涨落潮流路分离，涨潮流偏北，落潮流偏南，故一般长江口北岸的氯化物含量总比南岸高，如新桥水道为涨潮槽，其氯化物含量一般总比南支主槽高，北港堡镇的氯化物含量远大于长兴岛西头的青草沙水域，南港长兴岛南小泓的氯化物含量大于吴淞，甚至大于高桥。长江口氯化物含量的沿程纵向分布表现为下游高于上游，且北支的氯化物含量远高于南支。枯季大潮，南、北港的咸潮可上溯到浏河口附近，而经北支倒灌入南支的咸潮随落潮流下移时可影响整个南支河段。

长江口咸潮入侵的主要特征表现在以下方面：

① 咸潮入侵影响因素很多，但咸潮入侵的程度取决于径流量和潮差。径流量越小，潮差越大，则入侵的影响也越大。

② 枯季大潮期咸潮入侵呈强混合型。随径流的大小不同及潮汐的涨落，含氯度的变化比较明显。高含氯度主要发生在大、中潮期，小潮期则明显降低。

③ 枯季大潮期南北支交汇口处，北支的高潮位常高于南支，低潮位低于南支。因此，北支潮位较高的咸潮往往在高潮位时进入相对低水位的南支，对长江口水质造成较大的影响。北支含沙量也远高于南支，北支含沙量较高的水流倒灌南支，同时导致白茆沙北水道发生淤积，也不利于南支河势的稳定。

（2）近年来长江口咸潮入侵的主要趋势分析

21 世纪以来，长江口咸潮入侵有如下发展趋势：

① 入侵时间提前。20 世纪末，咸潮入侵主要发生在 12 月至次年 3 月；进入 21 世纪之后，咸潮入侵时间提前，有时提前两个多月。2006 年特枯水情下，陈行水库在 9 月 11 日就遭遇有史以来最早的咸潮入侵。

② 入侵次数增多，特别是近年来咸潮入侵次数有明显增多的趋势。2006 年 9 月到次年 5 月期间，长江口共发生了 14 次咸潮入侵，大大超过年平均 6 次的咸潮入侵次数，累计影响 1 928 h；2009 年咸潮入侵也达 13 次；2011 年和 2013 年，也均发生了 9 次咸潮入侵。

③ 咸潮入侵程度加重，单次咸潮入侵时间延长。2006 年特枯水情前后，14 次咸潮入侵中有 7 次超过陈行水源地 5 d 的避咸蓄淡能力，其中受咸潮入侵影响长达 8 d以上的有两次，陈行水库取水口的氯化物浓度分别高达 1 476 mg/L 和 1 662 mg/L。2014 年 2 月，长江口水源地遭遇历史上持续时间最长的咸潮入侵，青草沙水库氯化物浓度最高超过 3 000 mg/L，咸潮入侵持续时间超过 23 d，影响了近 200 万人口的用水。

3.3 径流对咸潮入侵的主要影响

长江口氯化物含量年际变化和年内季节变化与上游径流量的关系十分密切。一是年际变化，上游径流量大，口外咸潮难以上溯；上游径流量小，径流动力弱，口外咸水随潮上溯至口内，产生咸潮入侵。二是年内季节变化，枯季（11 月至次年 4 月）径流量小，咸潮易入侵；洪季（5 月至 10 月）径流量大，受咸潮入侵影响相对较小。一般最大氯化物含量出现在 1 月的频率最高，最小氯化物含量出现在 7 月的频率最高，氯化物含量与径流的年内分配明显对应。三是上游径流对口门氯化物含量变化的影响有一定的时间滞后，尤其当径流量较小时滞后更明显，原因是水体混合置换时间受径流量的影响较大。

1979 年 1 月长江大通站出现了历史上的最小流量 4 620 m^3/s，导致南北港咸潮上溯强度大增。同时，北支咸潮又连续大量倒灌南支，咸潮一度上溯至常熟的望虞河口，而徐六泾以下遭受咸潮包围长达 5 个月。

已有的研究表明，徐六泾流量过程一般较大通流量滞后 5 d 左右，而徐六泾的流量当日就影响咸潮入侵，当长江大通站的流量小于 10 000 m^3/s 时，长江口各代表站的氯化物含量普遍升高，如 1978—1979 年、1984 年、1987 年、1993 年；当长江口大通站的流量大于 15 000 m^3/s 时，吴淞口、高桥受咸潮入侵影响较小，吴淞口以下各站的氯化物含量也变小，如 1990 年、1991 年、1995 年。统计浒通河闸口和 5 d 前大通流量的关系还可以发现（见图 3），当大通流量在 10 000~20 000 m^3/s 时，浒通河闸口的氯化物含量值变大，超过 250 mg/L 的现象频有发生；而当大通流量大于 20 000 m^3/s 时，浒通河闸口的氯化物含量少有超过 250 mg/L 的。这说明北支咸潮倒灌受大通流量的影响区间为 10 000~20 000 m^3/s。

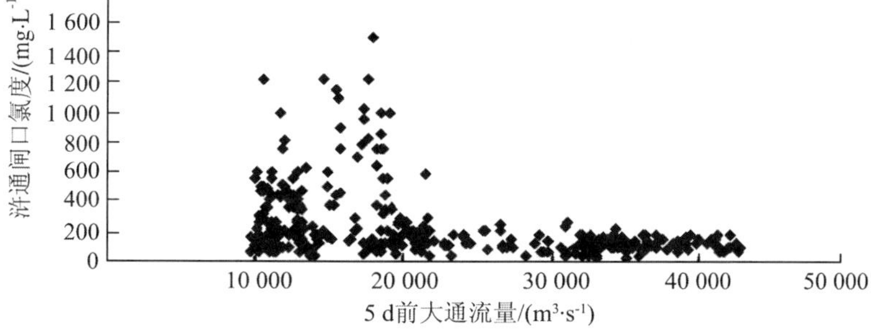

图 3 浒通河闸口的氯化物含量与 5 d 前大通流量关系的散点图

值得注意的是，长江的高含沙和大流量一直是水体自净的重要方式，长江河口水体受枯水影响而发生咸潮入侵时，氯化物含量会增加，但这不是唯一应该关心的指标，河口水环境的其他指标也十分重要。径流量的减少将导致有机质、营养盐含量相对增高，再加上咸潮倒灌影响因素的叠加，会使污染物长时间滞留在长江口，进一步导致长江口环境容量大大降低，因此必须引起高度重视。

3.4 2022年洪季特枯对长江口咸潮入侵的影响分析

对比2022年5月至10月长江大通月均流量和相关年同期流量（见表2）可以看出，2022年5月、6月大通站月均流量较丰，甚至超过往年，自7月开始减少，但仍高于1978年和2006年，至8月开始锐减至以往月均流量的1/2至1/3，甚至远少于汛期特枯年的1978年和2006年。

表2　长江大通站相关年份5—10月月均流量对比

m^3/s

年份	月均流量					
	5月	6月	7月	8月	9月	10月
三峡蓄水前多年平均	33 670	40 380	51 000	44 340	40 620	33 910
三峡蓄水后多年平均	31 930	40 590	47 550	40 820	33 770	25 350
1978年	26 800	41 800	38 200	30 100	25 900	18 700
2006年	30 500	38 500	36 900	27 000	18 900	15 000
2022年	39 000	53 200	43 600	21 100	11 800	—

从大通站2022年10月8日9时至10月9日9时的流量过程（见图4）来看，受10月2日以来三峡水库加大泄流影响，流量已从7 400 m^3/s左右升至11 100 m^3/s，日均流量约10 300 m^3/s（2006年10月上旬，处于正常洪季末期的大通流量为12 400~12 500 m^3/s）。5 d之后的10月13日，长江口仍出现了较明显的北支倒灌咸潮现象，此时正值农历九月十八天文大潮，青龙港最高潮位2.63 m，最低潮位低于-0.96 m（实测最低潮位低于水文观测站最低界限），潮差超过3.59 m（青龙港多年平均潮差为2.68 m，见图5），使得长江口再次出现了严重的咸潮入侵。当日崇明洲头日均氯化物含量为2 308 mg/L，而南支杨林站日均含量为1 038 mg/L，六滧

站日均含量为 2 298 mg/L，可见北支咸潮倒灌明显。同时，上游徐六泾站实测氯化物含量为108 mg/L，全潮 24 h 均小于 250 mg/L，这也说明咸潮上溯并未超过徐六泾节点。

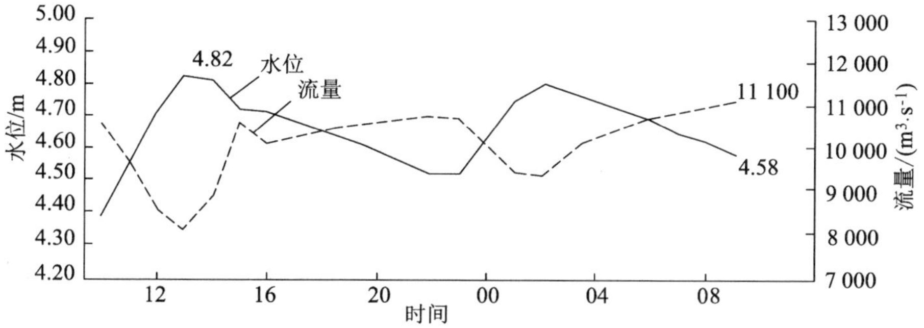

图 4　长江大通站 2022 年 10 月 8 日 9 时至 9 日 9 时流量水位过程线

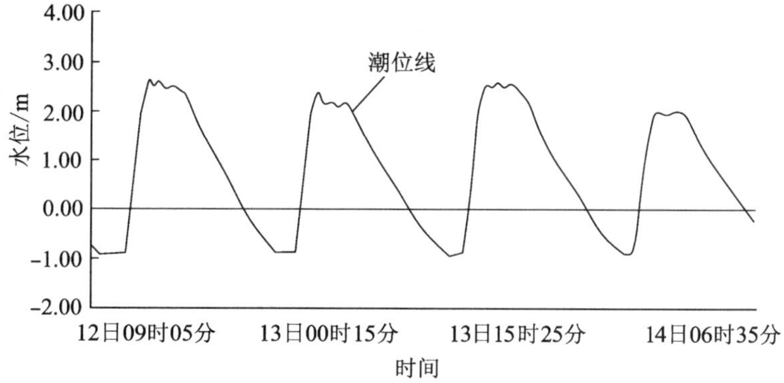

图 5　长江口北支青龙港站 10 月 12 日至 14 日潮位过程线（废黄河基面）

2022 年长江全流域出现极端高温，中下游出现汛期特枯，旱情历史罕见，由此导致下游河口提前发生高强度咸潮入侵，这给长江口的供水和淡水资源安全带来严重影响。由于高温天气持续时间长，更加重了干旱的影响。长江口咸潮入侵的影响因素与潮汐呈正相关，同时与径流呈负相关，因此这次咸潮入侵具有受流域枯水影响大、外海咸水正面侵袭与北支咸潮倒灌相叠加的特点。

4　结语

（1）长江流域降水时空分布不均，旱涝灾害发生频繁，流域性干旱尤其是流域性持续干旱对水资源分配带来的影响应引起足够重视。

（2）长江口的水资源能否有所保障，很大程度上受制于长江径流来水的变化，咸潮入侵是长江口水域上游来量不足时经常发生的自然现象。分析表明，北支咸潮倒灌受大通流量的影响区间为10 000～20 000 m^3/s。如遇长江特枯水情，长江径流来量小，咸水上溯，会对长江口水资源保障带来不利影响。近年来，由于受气候变化等因素的影响，长江咸潮入侵出现了入侵时间提前和持续时间延长的新特点，这对长江口流域地区的可持续发展带来了新的挑战。

（3）北支口门入流不畅是北支淤积萎缩和咸潮入侵的另一个主要原因。要减少北支倒灌南支的影响，应尽快实施长江口综合整治工程，尤其是要把徐六径节点河段整治、白茆沙河段整治和北支进口、北支上段河道等作为一个整体，尽快实施北支进口疏浚的综合整治方案，以改善北支进口的进流条件，并尽可能扩大和稳定北支分流比及落潮分流量，减轻北支对南支倒灌的影响。

（4）长江口地区的供水保证率及水质与发达国家相比，还存在一定的差距，建议依托长三角一体化资源平台，开展长江口河网水动力逻辑关系调查研究，积极开展跨区域水资源配置研究工作，制订区域联合调度方案。同时要加强对长江口区的来水规律和影响因子的监测和研究，加强咸潮入侵模型的机制性计算和预报，提高河口地区的水资源保障能力。

参考文献

［1］水利部长江水利委员会．长江流域水旱灾害［M］．北京：中国水利水电出版社，2002.

［2］沈焕庭，茅志昌，朱建荣．长江河口盐水入侵［M］．北京：海洋出版社，2003.

［3］陶晓东．长江口北支综合整治问题分析和研究方向探讨［J］．江苏水利，2016（5）：1-5.

［4］陈吉余，何青．2006年长江特枯水情对上海淡水资源安全的影响［M］．北京：海洋出版社，2009.

［5］毛兴华．2014年长江口咸潮入侵分析及对策［J］．水文，2016，36（2）：73-77.

［6］李文善，王慧，左常圣，等．长江口咸潮入侵变化特征及成因分析［J］．海洋学报，2020，42（7）：32-40.

[7] 水利部长江水利委员会. 长江口综合整治规划（征求意见稿）[R]. 武汉：水利部长江水利委员会，2021.

[8] 陶晓东. 长江江苏段生态整治和能力提升的思考 [J]. 江苏水利，2019（s1）：37-39.

水上城楼·传承创新

——扬州瓜洲泵站水工程与水文化融合的思考与实践

焦建华，施颖，王灿，严丽玫

（江苏省水利勘测设计研究院有限公司）

瓜洲泵站工程位于古运河与长江交汇处的扬州市瓜洲镇，是古运河入长江的重要通道之一（见图1）。该项目工程紧紧抓住长江及运河两大文化带的地域文化特征，坚持水工程与水文化同步规划、同步设计、同步建设、同步管理，把水利工程建设、历史遗迹保护和水文化建设有机结合在一起，是一次富含文化传承意义的工程创新实践。该项目的实施对推动长江经济带和大运河文化带建设，推进水生态文明建设，促进城市高质量发展具有重要意义，为我国水工程与水文化融合提供了工程示范。

图1　瓜洲泵站工程

1 设计理念

1.1 开放共享

瓜洲泵站工程在规划过程中就引入“水利风景区”的建设思想，从原有的单调与封闭走向自由、灵活和开放。泵站工程辐射瓜洲镇，将旧水闸融入城市，形成开放共享、便捷可达、亲水亲民的创新型水利工程，承担起科学研究、人文展示、文化教育的功能，成为城市人群回溯历史、了解水利的窗口，增强水利建筑的社会影响与归属感、认同感，实现水利工程、人文历史、风景资源的高度和谐与统一。

1.2 协同发展

如今的水利工程不再是传统水工建筑的“粗大笨”形象，具有开放性和服务性特征。水利建筑不再是单纯的封闭水管单位，它要承担水文化展示、水文化教育的功能，是赋能水文化的重要载体。现代水利建筑与城市之间有着密切联系，它不仅符合使用者的工程要求，还被赋予了所在地域的文化特征和传统风格，在城市肌理中延续城市历史文脉。

1.3 天人合一

瓜洲泵站工程将“天人合一”的思想运用于水利建设和风景资源的建构，将水元素符号融入整个工程的肌理中形成水文化主脉，追求每一处笔墨都“于细微处见精神”，用自然景物的符号将情感体验完美表达。在保障水利工程安全运行和发挥防洪、排涝、减灾功能的同时，同步开展水利观光旅游、科普教育、休闲娱乐活动，做到水利工程与景观、人文的完美结合。

2 文化寻脉

2.1 江河文脉

瓜洲位于扬州滨江处，隔江与镇江（京口）相望，是中国唯一一座位于长江与运河交汇处的古镇，既是水路要津，又是江防重地，自古以来就是联系大江南北的交通要冲。瓜洲本为江中沙洲，晋朝时露出水面，成为四面环水的沙洲，后来泥沙淤积与江岸陆地相连，渐渐形成渔村、城镇，因其形状如瓜，故名瓜洲。唐齐瀚开凿伊娄河，使运河直穿瓜洲到达长江，至此，瓜洲成为扼古运河与长江十字形黄金水道的咽喉。到了宋代，随着漕运地位的提升，水利工程技术日趋进步，瓜洲地区的水运网络更趋细化，成就了瓜洲“七省通衢”的重要地位。

2.2 历史文脉

瓜洲是“始于晋，盛于唐”的扬州市历史文化名镇，素有“江北重镇”“千年古镇”之称。作为大运河与长江的交通节点，有着丰富的文化底蕴和人文景观。唐代高僧鉴真东渡日本由此起航，千年古渡，胜境犹存；冯梦龙笔下“杜十娘怒沉百宝箱”的故事也发生在此；清朝康熙、乾隆下江南，数次经过瓜洲；历史上的著名诗人李白、白居易、张若虚、王安石、陆游、杨万里等，都在此留下了大量诗词歌赋；明万历年间建的大观楼与江西滕王阁、湖北黄鹤楼、湖南岳阳楼并称为“长江四大名楼”；明清时期的“瓜洲十景”更是名盛一时。蔚为大观的诗词文化和数不清的名人典故奠定了瓜洲深厚的历史人文底蕴。

2.3 建筑文脉

扬州地方建筑既不像北方建筑那么厚重，又不似南方建筑那么轻巧，而是介于两者之间。著名园林专家陈从周在分析扬州园林及其建筑特点时曾指出：扬州建筑物的外观，介于南北之间，而结构和细部的做法，兼抒二者之长……富有扬州“雅健”的风格。

唐代传统建筑文化对当代扬州建筑的外部形象有着颇多影响，如今扬州具有代表性的建筑，如鉴真纪念堂、鉴真图书馆、大运河博物馆、大运河非遗文化园等，这些建筑设计借鉴了传统但并不是以模仿为主，而是采取协调处理的手法让人们更多地将其与传统文化联系起来。

瓜洲泵站设计思想的文化脉络系统总结起来如图 2 所示。

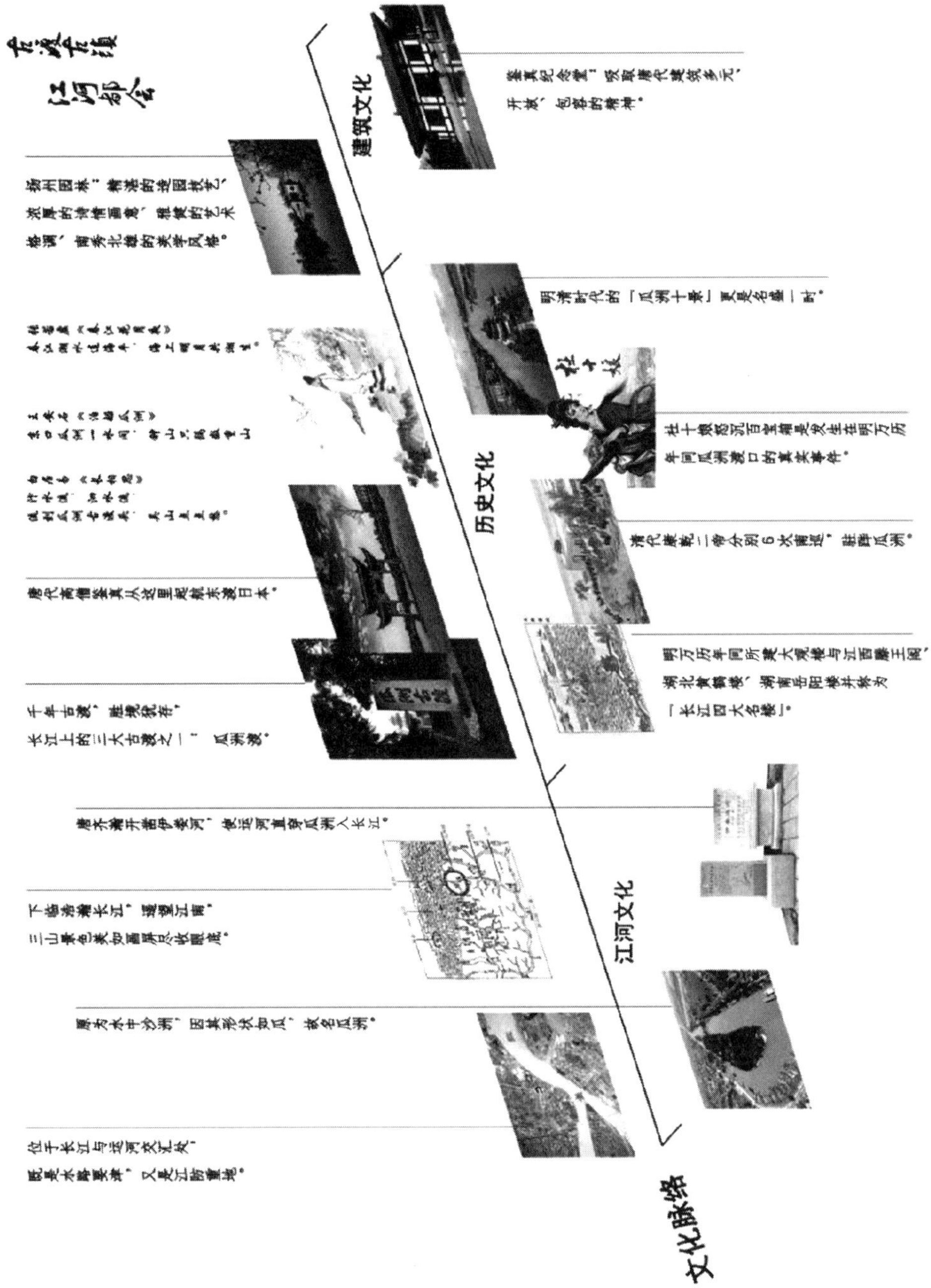

图2 瓜洲泵站设计思想的文化脉络

3 工程布局

瓜洲泵站工程设计突出了“工整疏朗的建筑主轴”与“诗情画意的人文景观轴”的布局特征（见图3）。

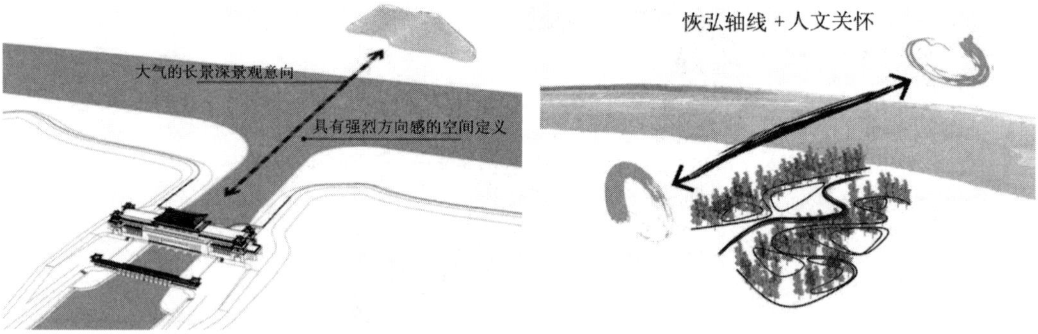

图3 “工整疏朗的建筑主轴”与“诗情画意的人文景观轴”

3.1 工整疏朗

主体建筑两侧伸出连廊向外伸展，尽端连接四个角楼，形成“一主四辅、一高四低、中心对称”的总体布局，如同山峰耸立，连绵平稳，整体延续传统建筑文化中的中轴礼序的特点，工整疏朗，主次分明。

3.2 诗情画意

瓜洲泵站的设计汲取扬州园林特色的文化意象，顺应地形，力求曲折委婉、错落有致，人们可以从中观察到扬州园林的艺术元素和特征。泵站建筑与扬州传统园林的诗情画意主旨完全相符，体现保护、建设、开发的工程设计原则，以及近、中、远期的生态效益、社会效益和经济效益的有机结合。

4 建筑找形

4.1 以史找形

瓜洲作为运河与长江的交通节点，有着丰富的文化底蕴和人文景观。瓜洲水利枢纽建筑在设计中吸收和借鉴了唐代的建筑风格：一方面，扬州在隋唐大运河开通的盛期是仅次于长安、洛阳的第三大城市，吸取唐代建筑多元、开放、包容的精神元素，能够融合体现水利工程大气质朴的风格；另一方面，唐代高僧鉴真从瓜洲起航东渡日本，而位于扬州市古大明寺内的鉴真纪念堂也保留了唐代建筑的艺术风格，这些都是扬州历史文化的代表性符号。

4.2 以文塑形

瓜洲泵站建筑造型取自“水上城楼”的空间喻义。泵站作为面向长江的建筑，自然而然地被赋予观江望景的功能。瓜洲泵站作为排除扬州城区涝水及周边区域汇水、有效控制古运河水位、提高城市防洪能力的建筑，无论在功能上还是在概念上，都与“城楼”有异曲同工之处。这既是一座城的坚固屏障，也是一座城的标志。凭栏观景，赏阅江河，瓜洲泵站在设计上营造出登上城楼远眺，达至高远而气势如虹的氛围，仿佛能与远处的大江产生更近距离的接触，登临远眺，凭栏击节，直到天人合一。

4.3 以技造型

为体现唐式建筑气魄宏伟、严整开朗的特点，结合泵站的体量与尺度，建筑外立面采用大挑檐设计，屋檐出挑深远。为营造建筑立面在高度上收分的视觉效果，设计上采用了屋檐出挑向内收减、连同外廊出挑向内一并收减的做法，屋顶为重檐歇山顶，具有强烈的方向性和昭示性。屋顶坡度平缓，屋檐从立面中心起即向两端以柔韧曲线微微上翘，整座屋顶舒展从容。整条正脊也是中低边高的弧线，两端以轮廓简洁的内卷鸱吻收束，瓦采用线条鲜明的黑色筒瓦。舒缓的屋顶、雄大疏朗的格调、简洁明朗的构图，体现出一种雍容大度、气度不凡的格调（见图4）。

图4　瓜洲泵站建筑造型细部构造

5 设计转译

5.1 功能适宜

瓜洲泵站建筑尝试把中国传统建筑的创意原则和精髓继承发扬于现代水利建筑的创作设计之中，这不仅是对古城扬州唐代文化的挖掘，也是对历史文化和水文化的一种探索和传承。在具体的工程设计时，根据水利工程厂房的内部功能需要，建筑立面结构采用现浇混凝土框架结构；开窗采用工业厂房的大窗方式，解决了传统建筑采光不足、通风性能差的问题；檐下的椽子、斗栱不仅在结构上都是受力构件，而且使建筑造型变得更简洁。

5.2 建筑设计艺术

瓜洲水利枢纽呈现唐式建筑风格，其中的东方独有的视觉语言使建筑整体充满了历史的厚重与张力，仿佛让人穿越古今，亲身感受时光的流变。在建筑整体外观塑造上，工程设计将古城墙与重檐歇山顶完美融合，外墙以石材饰面为主，宛如古城墙的青砖砌体，灰砖黑瓦相配显得庄重典雅。站在这座面向长江的建筑之上，看得见山，看得见水。从功能层面看，深远的檐廊为参观者提供赏阅江河的空间；从建筑造型层面看，下实上虚，形成虚实对比的立面关系；从空间层次看，塑造了具有中介性的空间层次，这种空间层次给人以更加柔和、自然的空间感受。

6 项目活化

“运河拥抱扬子江，千年古渡四海扬。”瓜洲站位于扬州市古运河、仪扬河流域东南，古运河入江口门瓜洲闸的东侧，是扬州市城区防洪排涝的“城市安全第一工程”，也是瓜洲沿江风光带上的重要节点工程之一。在瓜洲泵站的工程设计过程中，设计者坚持水工程与水文化同步规划、同步设计、同步建设、同步管理的理念，以“水韵扬城”为核心思想，从保护、传承、利用的角度出发，突出水利文化、古镇文化及古渡文化的主题特色，使水工程与水文化、水环境与地域人文资源融为一体，将项目打造成了展示扬州水文化的窗口工程。

6.1 文化特征

作为人文荟萃之地、风物繁华之城，扬州以其运河文化、园林文化、古建筑文化享誉全球。

（1）运河文化

扬州是我国最早的运河城市，素有“中国运河第一城”的美誉。古运河扬州段是整个运河中历史最为久远的一段，其从瓜洲至湾头全长约30公里，形成了著名的“扬州三湾”。这一段古运河沿线历史遗迹星列，人文景观众多，自然生态环境清新、优美（见图5）。

图5 扬州古运河文化带布局图

（2）园林文化

扬州园林以其精湛的造园技艺、浓厚的诗情画意、雅健的艺术格调、兼具南秀北雄的美学风格而著称于世，成为中国古典园林艺术的重要组成部分。水是园林艺术不可或缺的元素，扬州园林具有多种理水手法和丰富的表现形式，扬州的园林因水显得更加秀丽、灵动，形成了一种虚幻与现实结合的迷人意境。水文化充分体现在扬州的园林景观艺术中，是扬州园林的一道靓丽风景线。

（3）古建筑文化

扬州是一座环水城市，水网密集，因此扬州建筑也表现出独有的水文化特征。明朝和清朝时期，扬州的制盐业和漕运业发达，盐商富甲一方，他们在河边修建私家宅院，形成了独特的扬州盐商的住所建筑文化。

6.2 文化塑造

（1）建筑——质朴包容的情感共鸣

水利工程建筑是水文化的重要载体。瓜洲泵站建筑以传统文化重塑地域自豪感，建立情感的共鸣，既是扬州传统建筑的一次创新性传承，也是水工程与水文化融合的有益实践。泵站外立面是典型的传统扬派建筑青灰砖墙的“扬州灰”，质朴包容、坚实细致；“深浅黛”的屋瓦富有扬州地域文化及吴文化独特的古韵内涵；建筑整体以严整开朗的盛唐风貌充分展示扬州古建筑之美。瓜洲泵站建筑虽然没有华丽的外衣，但其简单、低调却温暖质朴，以水利工程独有的魅力展现迷人的水文化。

（2）环境——天人合一的自然回归

水是城市的灵魂，也是城市与自然的天然纽带。瓜洲泵站紧邻长江、古运河，三面环水，以工程为依托，结合周边环境，充分利用瓜洲泵站、长江、瓜洲古渡的景观人文资源，使水工程、自然环境空间、文化空间有机融合成具有历史文脉传承功能的现代工程整体空间，构建了集防洪、供水、生态、人文等多功能于一体的瓜洲枢纽水利风景区，实现了“人水和谐、大美瓜洲”的美好愿景，是“天人合一”观念的具体体现。

7 总结

瓜洲水利枢纽工程在缓解城市内涝、涵养城区水系、保护区域水生态环境等方面发挥了重要作用，同时，该工程结合长江及运河两大文化带的区位特征，依托“古渡古镇”“江河都会”的历史积淀和独特资源，打造长江与运河交汇点的“观景阳台”，最大限度地兼顾人民的需求，助推扬州的文化和旅游产业迈上新台阶。随着瓜洲泵站的建成，瓜洲水利枢纽以“逐步重现瓜洲十景，打造集运河文化、康体休闲、生态科普于一体的文化休闲公园”为总体定位，建设了江风山月亭、戏曲文化园、彤云阁、瓜洲十景主题广场及滩涂石矶等景观，形成了“千年古镇”“诗渡瓜洲”“古镇新颜”等板块，全方位展示运河文化的绚烂光彩和瓜洲古镇的悠久历史。

参考文献

[1] 梁思成. 中国建筑的特征 [J]. 建筑学报，1954 (1)：36-40.

[2] 潘谷西，何建中.《营造法式》解读 [M]. 南京：东南大学出版社，2005.

叮当河涵洞“套娃”式闸阀门的研发与应用

掌孝永[1]，丁　军[2]
（1. 灌云县水利局；2. 江苏省水利勘测设计研究院有限公司）

1　研发背景

叮当河涵洞位于连云港市灌云县侍庄街道新沂河北堤，主要作用为防洪、灌溉、调水等，是沟通新沂河北偏泓与叮当河的重要水工建筑，引水流量57 m^3/s，干旱年份的送水流量30 m^3/s，灌溉面积74.5万亩。涵洞为钢筋混凝土矩形箱涵结构，共3孔，每孔尺寸（宽×高）为4.0 m×3.6 m，涵洞底板面高程-0.2 m，涵洞顶板面高程3.4 m，总长103.92 m（含洞首控制段）。洞首控制段设一道工作闸门，采用潜孔式平面定轮钢闸门，配QP-80 kN单吊点平面卷扬式启闭机，闸门上方设工作桥和启闭机房，工作桥宽4.0 m，桥面高程11.8 m，在启闭机房与堤顶道路间设工作便桥。工作门槽上游侧（新沂河侧）设检修门槽，配7根浮箱叠梁检修闸门。该工程于2011年10月开工拆旧建新，2013年3月涵洞工程整体竣工并投入运行。

叮当河不仅是灌云县的主要引排水通道，也是灌云县的主要饮用水源地，需满足灌云、徐圩两个区域供水水厂每天20万吨的水量需求。2011年工程拆旧建新时，仅考虑了较低水位（新沂河北偏泓3.0 m以下）的引水和灌溉，未考虑较高水位下的下游水厂供水需求。当新沂河侧出现超过3.0 m的水位时，闸门无法启闭，下游叮当河水厂引水无法保证，因此急需对叮当河涵洞进行提升改造。

2　提升改造设计方案

新沂河侧处在高水位时，工作闸门挡水压力增大，导致摩擦阻力增大，启闭机容量不足，闸门无法开启，同时闸门也无法靠自重正常关闭。对于该工程出现的高水头下闸门启闭困难、无法引水的问题，常规的解决办法是闸门配重、增大启闭机容量和更换启闭机。经过结构核算，启闭机工作桥也需重新设计和制作。该工程于2013年投入使用，地方财政资金不足，如全部更换，成本较高且社会影响较大。在这种情况下，技术部门提出对工作闸门进行局部改造，即在工作闸门上开孔安装拍门并利用电动葫芦开启拍门的方案。在低水位引水时，开启工作闸门正常引水；在较高水位下，利用电动葫芦开启拍门引水；在高水位下，关闭拍门，利用工作闸门正常挡水。但由于原工作闸门自身结构局限，主梁间距小，开孔后的拍门引水流量不能满足水厂取水流量的要求。若要满足引水要求，则需对工作闸门进行破坏性改造，这个方案工作量大，同时一扇门上安装两套启闭设备，互相之间有干扰，操作使用不便。上述两种方案的优缺点均很明显，但二者的共同点就是对原结构均有大的改动，性价比低。是否存在一种对原结构不做变动，既操作使用方便又节省资金，还能够满足结构功能要求的改造方案呢？专家组经过多次讨论后一致认为，在满足下游水厂每天20万吨的引水量需求的情况下，利用中孔原检修门槽，新做一根“套娃”式闸阀门沉放到闸底板的方案具有可行性。在实际使用时，工作闸门和新闸阀门既互相独立又互相协调，经济性价比高，其具体结构布置及与带拍门方案的对比如图1所示。

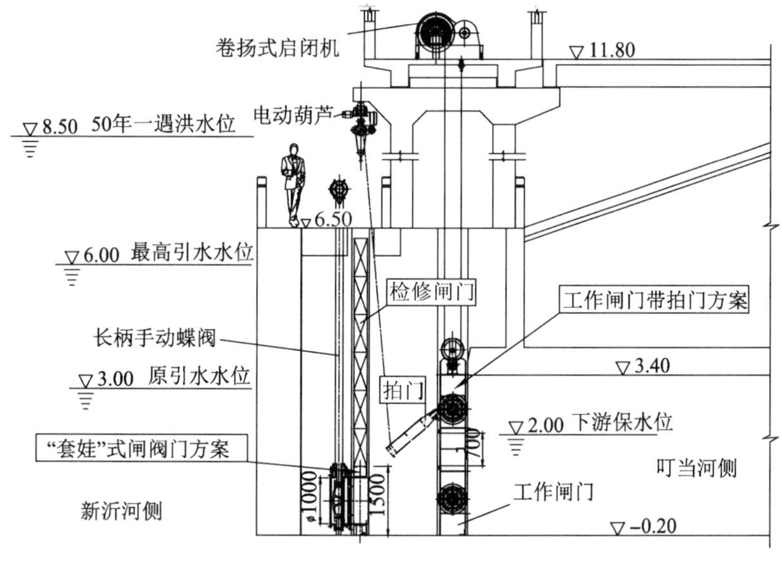

图1 “套娃”式闸阀门方案与工作门带拍门方案布置比选图

“套娃”式闸阀门由 1 根滑块闸门和 2 套手动蝶阀组成，闸门结构尺寸（宽×高）为 4. 44 m×1. 50 m，滑块支承，单向 P 型止水，双腹板箱型梁空箱布置，两腹板间开 2 处直径 1. 0 m 的引水孔，圆筒状引水孔前端设置连接法兰。法兰与蝶阀相连接，阀体材料为 QT450，公称压力 1. 6 MPa，双向偏心软密封。考虑到工作时水位可超过 6. 0 m，采用手动操作方式。

工作中的具体操作流程如下：

（1）正常引水时新沂河水位为 2. 5 m，下游叮当河保证水位为 2. 0 m，当上下游水位差不大于 0. 5 m 时，工作闸门启闭平顺，3 孔闸门均可正常引水；

（2）当新沂河水位上升至 2. 5~3 m 时，先关闭 3 孔工作闸门，平水状态下在中孔放入 7 根浮箱叠梁检修门，与预先沉放到闸底板上的“套娃”式闸阀门叠加，浮箱叠梁检修门挡水至高程 6. 0 m 以上，开启中孔工作闸门，最后打开闸阀门上的蝶阀引水；

（3）当新沂河水位上升到 6. 0 m 时，关闭中孔蝶阀，待中孔工作闸门两侧水位接近齐平时，再关闭中孔工作闸门，中孔停止引水，3 孔工作闸门处于挡超过 6. 0 m 新沂河洪水状态（新沂河 50 年一遇洪水位 8. 50 m）；

（4）当新沂河水位达到最高洪峰后下降到 6. 0 m 以下时，采用小型潜水泵抽水，直到中孔工作闸门前后水头差低于 0. 5 m，先开启中孔工作闸门，再开启蝶阀引水；

（5）当新沂河水位下降至 2. 5~3. 0 m 时，将浮箱叠梁门吊起，保留沉放在底板上的闸阀门，开启 3 孔工作闸门，恢复原正常引水状态。

3 “套娃”式闸阀门结构计算

“套娃”式闸阀门结构是由面板、箱梁系及连接法兰环等组成的滑块支承的平板结构，闸孔净宽 4. 0 m，门叶尺寸（宽×高×厚）为 4. 44 m×1. 50 m×0. 50 m，取动荷载安全系数 1. 5~2. 0。进水口开孔尺寸 ϕ 1. 0 m，共 2 个圆筒状结构进水孔。根据三维空间有限元计算理论，建立闸阀门三维有限元模型，依托 SOLIDWorks 三维设计平台进行结构分析，结果见图 2、图 3。

图 2　闸阀门 Ures 合位移图

图 3　闸阀门 Mises 应力图

根据计算结果，上、下主横梁的 Mises 应力最大为 33 MPa，最大 Ures 合位移为 2. 84 mm；导流钢管和法兰位移较小，约为 2. 13 mm，主横梁最大位移约为 2. 84 mm；除主横梁外，其余应力均很小，约为 12. 5 MPa。以上分析结果均满足《水利水电工程钢闸门设计规范》（SL 74—2019）的要求，而且具有足够的安全余量。

4　闸阀门的运行情况

原叮当河涵洞 3 孔引水涵，当新沂河侧水位在 3. 0 m 以下时，基本能满足引水灌溉和下游水厂引水的需要，但当新沂河行洪水位超过 3. 0 m 时，工作闸门无法正常启闭，水厂引水无法保证。2021 年 6 月，工程提升改造项目完成后，新沂河水位基本维持在 3. 0 m 以上，一直在通过中孔的“套娃”式闸阀门引水，很好地满足了下游水厂每天 20 万吨的引水量需求。即使是新沂河水位退到 3. 0 m 以下，只要两边孔闸门和中孔引水蝶阀能满足灌溉和供水要求，浮箱叠梁检修闸门仍不必吊出门槽。只有当引水流量不能满足需求时才需要吊出浮箱叠梁检修闸门。经改造后的结构使用方便且灵活，达到了工程优化提升的改造目的。

5 结语

“套娃”式闸阀门结构是对闸门门中开小门排水和泵站工程工作闸门附带小拍门等“门中门”结构的升级，它的优点是在不破坏建筑物主体结构的前提下，对工程进行功能性提升，满足了工程多工况下运行的要求。根据叮当河涵洞工程的特点确定的工程提升改造方案，思路较新，亮点多，效果也较明显，达到了既有工程功能改造的研究目的，为今后类似工程的提升改造及技术应用提供了示范和经验。

参考文献

[1] 水利部天津水利水电勘测设计研究院. SL/T 248-1999 水工钢闸门系列标准——充水阀 [S]. 北京：中国水利水电出版社，2000.

[2] 王兴隆，孔繁臣，李英杰，等. 丰满大坝泄洪洞闸门充水阀驱动装置的研究 [J]. 水电自动化与大坝监测，2013，37（2）：73-76.

[3] 肖段龙，周育桢，董笑波. 清远抽水蓄能电站上水库事故检修闸门充水阀设计探讨 [J]. 水力发电，2014，40（7）：79-81.

[4] 袁龙刚. 楔形滑块及滑道在移动泵站泵闸结合的支承座及钢闸门中的运用 [J].湖南水利水电，2012（3）：90-91，98.

[5] 于永海，韦超洁. 大型立式轴流泵站快速闸门上分流拍门面积的确定 [J]. 南水北调与水利科技，2010，8（3）：6-8.

[6] 洪顺军，李志鹏. 上翻式和侧翻式拍门水力特性对比研究 [J]. 南水北调与水利科技，2015，13（2）：306-308，329.

[7] 铁汉. 压力钢管进入孔边界效应分析与应力计算 [J]. 西北水电，2006（1）：30-32.

[8] 江洪，陈燎，王智，等. SOLIDWorks 有限元分析实例解析 [M]. 北京：机械工业出版社，2007.

[9] 朱华明. 全贯流潜水闸门泵的应用研究 [J]. 江淮水利科技，2015（3）：18-19，36.

[10] 赵瑞花. 平面闸门滑动行走支承的几种型式 [J]. 山西水利科技，2006（4）：31-32.

东海县水生态文明城市建设后评价问题探讨

闫东宇[1]，蒋晓红[2]，金　星[1]，刘　骏[1]，耿浩杰[3]

（1. 江苏省水利勘测设计研究院有限公司；
2. 扬州大学水利科学与工程学院；
3. 常州水利规划设计院有限公司）

1　研究背景和意义

2013年7月，水利部印发了《关于加快开展全国水生态文明城市建设试点工作的通知》（水资源函〔2013〕233号）。近年来，水利部将水生态文明城市建设作为水生态文明建设的重要平台抓手和推动美丽中国建设的实践行动，选择了两批共105个基础条件较好，具有代表性和典型性的市、县，开展水生态文明建设试点工作，探索不同类型城市水生态文明的建设模式。

根据《江苏省水利厅关于推进水生态文明建设的意见》（苏水资〔2013〕26号），江阴市、新沂市等18个县（市、区）被列为省级水生态文明城市的建设试点。试点工作启动以来，各试点城市按照水利部和江苏省水生态文明建设部署的要求，强化生态理念引领，大力推进试点建设，以水生态城市文明建设推动社会的进步，取得了明显成效。

由于水生态文明城市建设工作开展时间不长，前述的试点工作目前也结束不久，对水生态文明城市建设后评估方面的研究还是一片空白。目前，国内外许多学者在各个领域开展了后评价问题的探讨与研究，也取得了一些成果。本研究将在借鉴他人研究的基础上，建立水生态文明城市建设后评价指标体系与评估方法，以填补这一领域的空白，为今后开展水生态文明城市建设后评价打下研究基础。

本文开展水生态文明城市建设后评价研究，其研究意义在于总结水生态文明城市建设项目建设与管理的经验和教训，提出进一步完善项目建设与管理的举措，科学评估项目成效与存在的问题，确定今后水生态文明城市建设的指导思想、原则、目标、布局、投资方向和改革措施等。本研究还有助于提高我国水生态文明城市建设后评价工作的效率，在实践中具有积极意义。

2　后评价理论及评价内容

2.1　后评价的概念及目的

后评价（post project evaluation）是指在项目已经完成并运行一段时间后，对项目的目标、执行过程、效益、作用和影响进行系统的、客观的分析和总结的一种技术经济活动。

项目后评价工作通过对项目活动的检查和总结，确定项目预期的目标是否达到，项目或规划是否合理有效，项目的主要效益指标是否实现；通过分析评价找出项目成败的原因，总结经验与教训，并为未来新项目的投资和决策提供参考。开展后评价工作有利于实现对投资项目的最优控制，在水利、石油、园林、交通及市政建设等领域中有着广泛的应用价值。

开展项目后评价工作的目的在于通过后评价工作及时反馈信息，调整相关政策、计划和进度，改进和完善在建项目；通过后评价反馈提高投资管理水平，通过调整和完善投资与发展规划提高决策水平，通过改善投资和项目的管理水平提高投资效益。

2.2　后评价的原则

（1）独立性原则：在后评价的过程中，应不受项目决策者、管理者、执行者和前评估人员的干扰，独立地分析、评价和研究。后评价不同于项目决策者和管理者的自我评价，独立性是评价的公正性和客观性的重要保障。

（2）科学性原则：后评价从每一个指标的评价内容到计算方法都必须科学、合理、准确。

（3）实用性原则：项目后评价应起到总结以及指引相关问题决策的作用，因此必须具有一定的实用性，使操作切实可行。

（4）反馈性原则：与项目前评估相比，后评价最大的特点是评价信息要有反馈。后评价的最终目的是将结果反馈到决策部门，并将其作为新项目的立项评估基础，以及调整投资规划与政策的依据。

2.3 后评价的内容

（1）目标后评价：评定项目立项时各项预期目标的实现程度。

（2）过程后评价：对照立项评估或可行性研究报告所预计的情况，将其与实际执行的过程进行比较和分析，找出差别，分析原因。主要内容包括：项目的立项、准备和评估；项目内容和建设规模；工程进度和实施情况；配套设施和服务条件；受益者范围及其反馈；项目的管理和机制；财务执行情况等。

（3）效益后评价：包括项目财务评价和国民经济评价。项目财务评价是从企业角度对项目运行后的实际效益进行再评价；国民经济评价是从宏观国民经济角度出发，对项目运行后的国民经济效益的再评价。

（4）影响后评价：主要包括经济影响后评价、环境影响后评价、社会影响后评价。环境影响后评价一般包括项目的污染控制、地区环境质量、自然资源利用和保护、区域生态平衡和环境管理等；社会影响后评价是对项目在社会经济发展方面的有形和无形的效益与结果的分析，重点评价项目对所在地区或社区的影响。

（5）可持续性后评价：项目的可持续性是指在项目的资金投入全部完成之后，项目的既定目标能否继续进展，项目是否可以持续地运行，项目业主能否依靠自己的力量继续独立地实现既定目标，项目是否具有可重复性，即是否可在将来以同样的方式建设同类项目。项目的可持续性受社会经济发展、政府政策管理、资源调配、地方参与度、部门协作和生态环境等因素影响。

3 后评价指标体系

3.1 构建指标体系的过程

项目后评价的具体步骤一般包括以下内容。

（1）确定评价对象和明确评价目的

评价对象是进行后评价的客体，在构建指标体系之前必须确定评价的对象。如果没有搞清楚评价对象，其他工作只能是徒劳无功。

（2）评价指标体系的初建

初建后评价指标体系时需要考虑到评估的各个方面，并允许指标之间的部分重复，考虑指标的操作难易程度或不可操作性。

（3）指标的选择

开始建立指标体系时，得到的只是后评价指标体系的“可能指标全集”，需要进行合理的筛选，以得到“充分必要指标集合”。选择后的指标既具有一定的关联度，又能单独地反映相关评价对象的特性，并且适合于特定的综合评价方法，最后通过合成模型加权合成后得到综合评价值。这一过程也因此被称为评价指标体系的结构优化。

（4）指标体系的确立

对评价指标进行合理的选择，继而在优化后确立后评价指标体系。

3.2 指标权重

权重是指某一因素或指标相对于某一事物的重要程度，它体现的不仅是某一因素或指标所占的百分比，强调某一因素或指标的相对重要程度，更倾向于表达贡献度或重要性。本文采用层次分析法确定指标权重，其主要过程如图 1 所示。

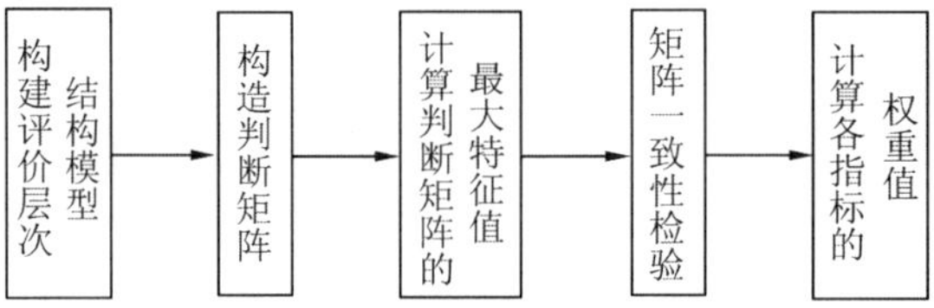

图 1　层次分析法确定指标权重的过程

3.3 后评价方法

本文所研究的后评价指标体系具有多个层次。为了使评价过程更加科学，初步拟定采用模糊综合评价法。

模糊综合评价法是采用模糊数学理论对受多种因素制约的事物和现象进行总体评价的方法。模糊综合评价的方法从底层指标开始，逐层判断其对上一层评价指标集的隶属程度，一般有定性和定量两种指标的模糊评价。模糊综合评价法的运用主要分为三步：确定评价因素、评价等级；构造评判矩阵，确定权重；进行模糊合成、综合评价。模糊综合评价模型构建及运用方法如图 2 所示。

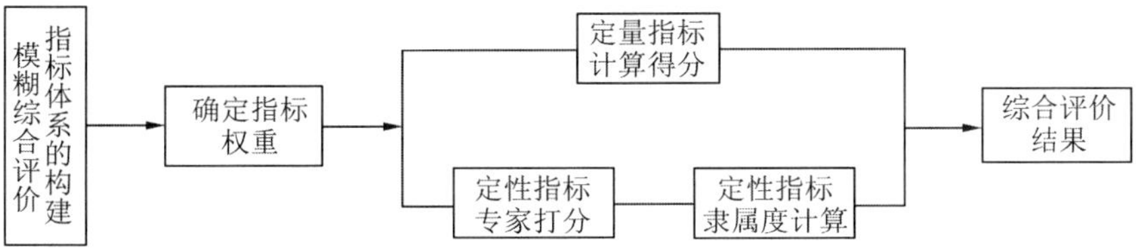

图 2　模糊综合评价模型的构建及运用方法

4　水生态文明城市建设后评价指标体系的构建

水生态城市建设后评价指标涵盖的内容应当全面。水生态文明城市建设与单一的水利工程建设有所不同，其建设过程不仅涉及每一个新建工程的具体项目，还涉及对原有工程项目的更新改造，以及相关制度建设、管理工作等非工程措施，因此指标的选择范围较为广泛。本文拟从项目建设过程评价、成效评价、影响评价、目标和可持续性评价四个方面探索建立江苏省水生态文明城市建设后评价指标体系。

结合江苏省水生态文明城市建设特点，构建包括目标层、准则层、评价因素层和指标层的四层次水生态文明城市建设后评价指标体系（见表 1），包括 4 个一级指标，12 个二级指标，35 个三级指标（其中 23 个是定量指标，12 个是定性指标）。

表 1　江苏省水生态文明城市建设后评价指标体系

目标层	准则层（一级指标）	评价因素层（二级指标）	指标层（三级指标）
水生态文明城市建设后评价指标体系（A）	过程评价（B_1）	前期工作（C_1）	项目决策（D_1）
			方案合理性（D_2）
		建设内容完成情况（C_2）	资金到位率（D_3）
			分项工程完成率（D_4）
			竣工验收完成率（D_5）
			工程质量达标率（D_6）
		建设管理（C_3）	“四制”执行情况（D_7）
			管理体系（D_8）
			资金管理规范性（D_9）
			工程竣工验收规范性（D_{10}）

续表

目标层	准则层（一级指标）	评价因素层（二级指标）	指标层（三级指标）
水生态文明城市建设后评价指标体系（A）	成效评价（B_2）	水安全保障（C_4）	集中式饮用水源地建设（D_{11}）
			供水保障能力（D_{12}）
			防洪排涝达标率（D_{13}）
			生态供水保证率（D_{14}）
		水生态提升（C_5）	水系连通率（D_{15}）
			生态岸坡率（D_{16}）
			地下水位控制（D_{17}）
			水域和湿地面积控制情况（D_{18}）
			水土流失治理程度（D_{19}）
		水节约成效（C_6）	用水总量控制（D_{20}）
			万元工业增加值用水（D_{21}）
			农田灌溉水有效利用系数（D_{22}）
		水环境改善（C_7）	水功能区水质达标率（D_{23}）
			污水处理率（D_{24}）
			水功能区限排总量控制率（D_{25}）
		水文化建设（C_8）	涉水风景区（D_{26}）
			水情宣传教育（D_{27}）
			水工程景观率（D_{28}）
	影响评价（B_3）	环境影响（C_9）	水环境影响（D_{29}）
			人居环境影响（D_{30}）
		社会影响（C_{10}）	基础设施改善（D_{31}）
			对当地经济发展的影响（D_{32}）
	目标与可持续性评价（B_4）	目标评价（C_{11}）	实现程度（D_{33}）
		可持续性评价（C_{12}）	公众认可度（D_{34}）
			政府支持度（D_{35}）

5　实证分析：东海县水生态文明城市建设后评价

5.1　评价指标标准的确定

本文所构建的水生态文明城市建设后评价指标体系包含23个定量指标和12个定性指标，需依据评价指标标准对各指标进行测评，考察各指标的实现情况。对于定量指标，如资金到位率、分项工程完成率、防洪排涝达标率等，一般以各种法规、标准等要求的数据为依据，或者以普遍使用的行业标准为依据，确定其所对应的评价等级标准。对于定性指标，如项目立项决策、管理系统等，很大程度上需进行主观判断，可根据专家经验对这些定性指标给出相应的等级。

5.2 指标测评方法

（1）定量指标的测评

结合指标体系中定量指标的设置，有的定量指标只含有一个评价因素，其评价因素的评价结果即为该指标的评价结果；有的定量指标含有多个评价因素，其评价结果为各评价因素的评价结果加权之和。

在多指标综合评价中，各个指标都分别有不同的属性，有的评价因素指标值越大则评价越好，称为正向指标；有的评价因素指标值越小则评价越好，称为逆向指标。

对于越大越优型指标评价结果采用如下公式：

$$r_i=\begin{cases}100, & x_i \geqslant x_b \\ \dfrac{x_i}{x_b}\times 100, & x_i<x_b\end{cases}$$

对于越小越优型指标评价结果采用如下公式：

$$r_i=\begin{cases}100, & x_i \leqslant x_b \\ \dfrac{x_b}{x_i}\times 100, & x_i>x_b\end{cases}$$

（2）定性指标的量化方法

对定性指标进行定量描述可采用专家咨询法，即对各定性指标的优劣性设定若干个评价等级，并邀请专家针对定性指标的优劣性进行评价，最后采用一定的统计方法综合专家的意见，确定该定性指标最终的量化评价值。定性指标量化的步骤如下：

① 设定4级评价等级：优、良、中、差，分别对应评价值95，85，75和65分。

② 邀请N名专家对指标的优劣性进行评价，评价结果见表2。

表 2　定性指标专家评价结果

等级编号 i	指标等级	评价人数
1	优	N_1
2	良	N_2
3	中	N_3
4	差	N_4
合计		$\sum_{i=1}^{4} N_i$

③ 计算定性指标对评价等级的隶属度 e_i：

$$e_i = \frac{N_i}{\sum_{i=1}^{4} N_i} \qquad (i = 1,\ 2,\ 3,\ 4)$$

式中：e_i为指标对评价等级 i 的隶属度；N_i为指标评价等级为 i 的专家人数；i 为评价等级编号。

④ 构建指标评价等级的隶属度矩阵：

$$\boldsymbol{E} = \begin{bmatrix} e_1 \\ e_2 \\ e_3 \\ e_4 \end{bmatrix}$$

⑤ 计算定性指标的评价结果 $\boldsymbol{X}$：

$$\boldsymbol{X} = [95,\ 85,\ 75,\ 65]\ \boldsymbol{E}$$

5.3　基于模糊综合评价模型的项目后评价

水生态文明城市建设后评价指标体系共有 4 项一级指标、12 项二级指标和 35 项三级指标。其中，三级指标中的 23 项定量指标采用定量模糊综合评价方法，12 项定性指标采用定性模糊综合评价方法。

通过构建的模糊综合评价模型计算得出东海县现状年（2017 年）水生态文明城市建设后评价结果如下：

（1）目标层得分：$P_A = 91.60$。

（2）准则层指标得分：

过程评价 $P_{B1}=89.50$；

成效评价 $P_{B2}=93.83$；

影响评价 $P_{B3}=88.60$；

目标与可持续性评价 $P_{B4}=92.84$。

（3）评价因素层指标得分见表 3。

表 3　评价因素层指标得分情况

序号	评价因素层	得分	序号	评价因素层	得分
1	前期工作（C_1）	89.375	7	水环境改善（C_7）	100
2	建设内容完成情况（C_2）	89.94	8	水文化建设（C_8）	93.40
3	建设管理（C_3）	89.02	9	环境影响（C_9）	88.90
4	水安全保障（C_4）	98.47	10	社会影响（C_{10}）	88.35
5	水生态提升（C_5）	77.30	11	目标评价（C_{11}）	100
6	水节约成效（C_6）	99.68	12	可持续性评价（C_{12}）	88.20

（4）指标层的指标得分见表 4。

表 4　指标层的指标得分情况

序号	指标名称	得分	序号	指标名称	得分
1	项目决策	88.75	15	水系连通率	100
2	方案合理性	90.00	16	生态岸坡率	65.80
3	资金到位率	100	17	地下水位控制	100
4	分项工程完成率	59.6	18	水域和湿地面积控制情况	100
5	竣工验收完成率	100	19	水土流失治理程度	35.30
6	工程质量达标率	100	20	用水总量控制	100
7	“四制”执行情况	90.00	21	万元工业增加值用水	100
8	管理体系	86.25	22	农田灌溉水有效利用系数	98.70
9	资金管理规范性	88.75	23	水功能区水质达标率	100
10	工程竣工验收规范性	91.25	24	污水处理率	100
11	集中式饮用水源地建设	100	25	水功能区限排总量控制率	100
12	供水保障能力	100	26	涉水风景区	100
13	防洪排涝达标率	95.00	27	水情宣传教育	87.70
14	生态供水保证率	100	28	水工程景观率	91.20

续表

序号	指标名称	得分	序号	指标名称	得分
29	水环境影响	87.50	33	实现程度	100
30	人居环境影响	90.00	34	公众认可度	87.50
31	基础设施改善	88.75	35	政府支持度	88.75
32	对当地经济发展的影响	87.50			

模糊综合评价的情况已通过各指标层的指标得分充分反映出来，东海县水生态城市建设后评价的综合得分为91.60分，评价结果为优。从准则层的过程、成效、影响、目标和可持续性评价方面来看：一方面，成效评价和可持续性评价得分较高，显示东海县水生态文明城市建设取得了显著的成效，目标完成情况比较好，项目建设可持续性较好；另一方面，过程评价和影响评价得分较低。项目建设的过程中，一些项目由于计划调整、上级未批复等原因，并没有按照原有的规划来实施，导致实际建设项目与规划相差较大，加之工程的进度难以精确控制，从而导致过程的后评价评分相对较低，为89.50分。从评价因素层来看，水安全保障、水节约成效、水环境改善、目标评价四项指标的得分较高，说明水安全保障、水节约成效、水环境改善方面取得了显著的成果，建设目标已经全部实现。在项目开展的过程中，水生态提升的工作力度相对不足，水生态建设未完成计划。

参考文献

[1] 张春杰，谢颂华，肖磊，等. 基于水生态文明理念的湖泊型岛屿规划探讨——以鄱阳湖棠荫国际水生态体验岛规划为例 [J]. 水利规划与设计，2015 (10)：10-13，32.

[2] 周茂刚，彭荔. 我国大型公共建筑工程后评估现状研究 [J]. 建筑科技，2018 (1)：49-52，65.

[3] 严明. 项目后评价在通信企业工程建设中的应用初探 [J]. 科技信息，2009 (6)：669.

[4] 欧阳媛，吴达荣，谢广良. 东莞市水乡地区水生态文明建设路径探索 [J]. 水利规划与设计，2016 (7)：13-15.

[5] 李远远，云俊. 多属性综合评价指标体系理论综述 [J]. 武汉理工大学学

报（信息与管理工程版），2009，31（2）：305-309.

［6］周杨. 经济发达地区农村水利现代化指标与评价［D］. 扬州：扬州大学，2014.

［7］赵玉珍. 许昌市水生态文明城市建设策略与实践［J］. 水利规划与设计，2016（9）：1-4.

［8］田坤，范荣亮，安婷，等. 基于敏感性分析的徐州市水生态综合治理［J］. 水利规划与设计，2015（5）：1-6.

白马湖水生态保护与修复工程措施探讨

孙　晨[1]，吴小扁[1]，苏　晨[2]
（1. 南京水科院勘测设计有限公司；2. 河海大学设计研究院有限公司）

河湖是水资源的主要载体，具有输水、调蓄洪水、供水、维护生物多样性、净化水质、养殖、航运、旅游等多种功能，加强河湖保护对推进生态文明建设、促进经济社会高质量发展具有重要意义。“良好的生态环境是最公平的公共产品，是最普惠的民生福祉。”但由于自然因素和人类活动的不利影响，致使不少河湖生态系统衰退，水环境污染等生态环境问题日益突出。因此，开展对河湖水生态保护与修复策略的研究具有一定的紧迫性。王鸿涌提出将湖底清淤、控制入湖污染物、调水引流等水利综合措施应用于湖泊生态治理；陈昌仁、成智分别从管理角度提出了洪泽湖、里下河腹部湖泊湖荡生态保护的对策。有关白马湖生态环境保护方面的研究文献有吴苏舒等的《基于熵权模糊综合评价法的白马湖生态系统健康评价》、李强的《白马湖大型水生植物生态净水工程对浮游生物的影响》、崔泉的《淮安白马湖：湖泊生态修复的“江苏样板”》、胡继刚等的《宝应县白马湖退圩还湖方案研究》等。本文在他人研究成果的基础上，采用资料分析和实地调研相结合的方法，深入分析白马湖水生态环境存在的关键问题，进而提出白马湖水生态保护与修复的工程措施。

1　白马湖的演变与存在的问题

1.1　白马湖的演变

白马湖位于江苏省淮安市及扬州市境内，为平原浅水型湖泊，是江苏省十大淡水湖之一。白马湖成湖之初与东部的古射阳湖连通，曾为东汉时的邗沟故道。黄河夺淮后，白马湖承泄黄淮交汇洪水入海入江，受泥沙的长期淤积和人类活动（开凿运河）的影响，逐渐分化为运西的一个小湖荡。黄河北徙后，上游客水减少，湖水水位渐降，当地群众于湖中筑圩兴垦，与水争地，湖面积逐渐缩小。1952 年兴建了三河闸之后，淮河洪水得到初步控制。1956 年修筑白马湖隔堤将白马湖与宝应湖分离，使白马湖成为一个独立的区域性内湖，不再受淮河洪水侵入，白马湖的主要功能演变为滞蓄区域涝水。

白马湖隔堤的修筑使得白马湖水位有所下降且比较稳定，沿湖周边的浅滩逐渐被围垦或辟为鱼塘。20 世纪 70 年代湖泊西岸又进一步向湖区围垦，80 年代初基本形成了现状的白马湖堤防，至今基本没有明显变化。对比 20 世纪 60 年代末期（1969 年）1/50 000 地形图，可见在白马湖西北部、西南部和东南部有 8 处局部围垦变化，即 20 世纪 70 年代围垦的结果。大面积的围垦和圈圩养殖、种植使得白马湖湖面积进一步缩小，湖泊保护面积由中华人民共和国成立初期的 150 km^2减少到 117.5 km^2，正常蓄水面积在 2010 年缩减至最小，为 42.1 km^2。

随着全省退圩还湖工作的推进，2011 年淮安市开始实施境内白马湖退圩还湖工程。目前，淮安市境内围网养殖已基本清退，白马湖自由水面恢复到 73.19 km^2，大大提升了湖泊滞蓄涝水和供水的能力。

1.2 存在的问题

（1）岸线空间被挤占现象严重，影响湖泊功能的发挥

由于历史原因，白马湖存在圈圩（围）养殖、围垦种植等不合理的挤占湖泊水域岸线空间的现象。据统计，白马湖湖区内仍有约 33.64 km^2区域需进行退圩（渔、耕）还湖。大面积侵占湖泊空间造成湖泊面积萎缩，影响了湖泊功能的发挥。

（2）资源无序开发，利用效能较低

随着退圩还湖工程的实施，白马湖的开发利用逐渐走向集约化。但由于 20 世纪 90 年代粗放无序的利用面积太大，白马湖仍存在较多粗放无序利用的项目，资源利用效能仍然较低。随着湖泊周边区域经济社会发展进程的加快，涉湖项目逐渐增多，已涉及水利、交通、能源、旅游等多个行业，湖泊开发利用程度逐步提高，急需制定湖泊保护规划，以指导开展湖泊生态保护和资源集约化利用的工作。

（3）生态环境脆弱，生态修复压力较大

虽然近年来白马湖水质有所改善，但水质波动仍较大且始终不能稳定达标，水质污染主要来源于入湖河道携带的污染物。2018—2020 年的白马湖水质监测结果显

示，白马湖各水质监测站点综合水质类别多为Ⅲ类~劣Ⅴ类，湖水处于轻度富营养状态。随着淮安市境内白马湖退圩还湖工程的实施，白马湖生态环境虽有所改善，但水质优劣程度、营养状态指数等湖泊生态环境指标距离目标值仍有一定差距，需结合下一阶段的退圩还湖工程实施湖泊水环境整治和水生态修复。

2 白马湖水生态保护与修复工程措施

2.1 水生态环境治理和保护

白马湖沿岸无工业排污口，局部存在少量生活排污口，湖泊污染主要源于湖区内渔业养殖、农田种植、住家船产生的污染，以及入湖河道携带的污染物。随着白马湖退圩还湖工程的实施，生活排污、渔业养殖、农田种植、住家船等产生的污染将大大减少，因此，白马湖水环境治理的重点是控制入湖河道污染。

白马湖入湖河道主要有浔河、花河、草泽河、往良河、大荡河、桃园河等，其中浔河、花河流经城区，草泽河、往良河、大荡河、桃园河流经农区。入湖河道水环境治理主要措施如下：

（1）入湖河道水质净化

对浔河、花河等污染量大的河道入湖口上溯 1 km 范围内实施水质净化工程，提升河道自净能力。主要措施：实施生态河床工程、侧槽分流净化工程、河道滩地植被恢复工程，恢复河床的自净能力；利用生态驳岸修复及污染物消减技术，通过构建尾水渗滤驳岸和驳岸植被恢复等措施，在保证岸坡稳定的同时，恢复驳岸对水体的净化功能；利用表流人工湿地和潜流人工湿地等河水异位处理技术提高水质。

（2）入湖河道汇水区污染治理

重点控制浔河、花河的工业和生活污染。工业污染由排污企业自行整治，环保部门负责监管；生活污染由住建部门负责整治，环保部门负责监管。重点控制草泽河、往良河、大荡河、桃园河等农业面源污染和渔业养殖污染，这两类污染主要由农业、渔业部门负责整治，环保部门负责监管。

（3）入湖河道水质监管

基于湖泊水质的目标要求，结合湖泊现状，对入湖河道水质进行专项研究，提出白马湖入湖河道的水质指标要求；同时在浔河、花河等污染量较大的入湖河口建立水质监测站点，由环保部门负责监管，确保入湖河道水质达标。

2.2 水生态修复

（1）退圩还湖

实施退圩还湖工程是改变湖泊资源粗放、无序开发状态的有效方式，可有效恢复湖泊调蓄能力，改善湖泊水质，修复湖泊水生态环境，实现人与湖泊的和谐共处。淮安市境内的白马湖退圩还湖工程于 2011 年开始实施，目前已形成自由水面 73.19 km^2；扬州市宝应县境内的白马湖退圩还湖工程已完成实物量统计，进入筹备阶段。目前，白马湖仍有约 33.64 km^2 区域需进行退圩（渔、耕）还湖，其中包括圩（围）网养殖面积 26.92 km^2、农业种植面积 4.96 km^2。

① 调整湖泊“三线”：退圩还湖工程的实施将恢复湖泊自由水面，产生一定的弃土区，湖泊水域、岸线的范围发生变化，湖泊形态也随之改变，因此，退圩还湖工程的实施应严格按照批复的实施方案进行，在工程实施完成并通过省水行政主管部门的验收后，应进行湖泊保护范围线、堤线、蓄水范围线的测绘。湖泊“三线”应报水行政主管部门批准，并由退圩还湖工程实施主体负责保护范围的勘界设桩工作。

② 确定湖泊水域、岸线功能区：新产生的岸线，其功能区的确定在满足岸线划分原则的基础上，应遵循“等效替代”原则，即新岸线的功能区划分与老岸线的功能区划分应一致或接近；新恢复的水域，其功能区的确定在满足水域划分原则的基础上，应遵循“临近相似性”原则，即新水域的功能区划分与邻近水域的功能区划分应一致或接近。

③ 明确弃土区开发利用的要求：弃土区的开发利用应符合主体功能区划的要求，以及湖泊功能保护的各项要求，不得向湖泊及周边排污，不得影响湖岸稳定，不得侵占、压缩湖泊空间。

（2）生态岸滩修复

白马湖生态岸滩修复以减少水陆交错带为主。水陆交错带是水体与陆地生态系统的过渡区，是湖泊生态系统和陆地生态系统之间进行物质、能量和信息交换的生态过渡带，具有明显的边缘效应和蓄滞洪涝、调节径流、保持水土等功能。白马湖生态岸滩修复与退圩还湖工程的实施相结合，包括 2 片区域，面积 4.84 km^2，其中淮安区镇湖闸至白马湖农场 4.56 km^2，金湖县“海棠的故事”工程 0.28 km^2。

利用退圩还湖堆土区多余土方实施“聚泥成岛”，构造大面积浅滩区，重建湖滨湿地带，增强湿地净化能力；重建良好的湿地动物栖息地；恢复本土沉水、浮叶植物群落结构，其中沉水植物以轮叶黑藻、苦草、金鱼藻、微齿眼子菜、大茨藻等为优势种，浮叶植物以莼菜、荇菜为主要建群种，水生植物覆盖面 30%～50%，同时清除水花生、水葫芦等外来物种；湖滨带从坡顶到水际线的宽度控制在 10～30 m，湖边浅滩区（0.5 m 以内）控制在 5～40 m。

（3）滨岸带生态修复

粗放的开发利用方式使白马湖部分村庄段滨岸带面貌较差，存在水土流失现象。采用村庄环境整治、岸坡绿化景观建设及近岸生态缓冲带建设等措施开展滨岸带生态修复，改善湖泊沿岸面貌，修复湖泊生态环境。白马湖滨岸带生态修复主要与退圩还湖工程和白马湖环湖路等工程相结合，包括 3 片区域，面积 0.72 km^2，其中淮安市洪泽区境内 0.29 km^2，金湖县境内 0.28 km^2，扬州市宝应县境内 0.15 km^2。

湖泊岸带修复的整体要求：除水工、交通等基础设施构筑物所在岸线外，不得建设垂直硬化的湖泊岸线；在保障安全稳定的基础上，岸线生态护坡占比不低于 80%；95%以上的岸线保护区为生态护坡，配套建设宽 10～20 m 的水源涵养林，坡比大于 1∶3；90%以上的岸线保留区为生态护坡，配套建设宽 10～20 m 的水源涵养林，坡比大于 1∶3；80%以上的岸线控制利用区为生态护坡，坡比大于 1∶3；75%以上的岸线开发利用区为生态护坡，坡比大于 1∶2；在不影响功能的基础上，在硬化岸线段建设水下种植平台，保护湖泊岸线的生态。

3 结语

入湖河道携带的大量污染物和白马湖不合理的圈圩、围网养殖等是影响白马湖生态环境的主要因素，开展入湖河道水环境整治、退圩还湖并配以生态岸滩修复、滨岸带生态修复等措施，有利于改善白马湖水质和水环境，恢复蓄水空间，促进水生态修复。除了上述重点分析的白马湖水生态保护与修复的工程措施，在实际运行中，还应注重加强湖泊管理，减少人为活动对生态环境的不利影响。

参考文献

[1] 舒卫先，水艳，韦翠珍. 淮河流域重要河湖健康评估试点工作的实施与存在问题分析 [J]. 治淮，2011（12）：33-34.

［2］王静. 人类活动强烈影响下的滆湖生态环境需水研究［D］. 南京：中国科学院南京地理与湖泊研究所，2008.

［3］王鸿涌. 水利综合技术措施在湖泊治理中的应用［J］. 江苏水利，2011（12）：13-14，17.

［4］陈昌仁，张立师. 提高洪泽湖治理保护能力的思考［J］. 江苏水利，2021（4）：58-60，65.

［5］成智. 里下河腹部湖泊湖荡存在问题分析及对策探讨——以淮安市淮安区为例［J］. 江苏水利，2020（S1）：57-59，81.

［6］吴苏舒，高士佩，胡晓东，等. 基于熵权模糊综合评价法的白马湖生态系统健康评价［J］. 江苏水利，2018（7）：17-23.

［7］李强. 白马湖大型水生植物生态净水工程对浮游生物的影响［D］. 南京：南京大学，2020.

［8］崔泉. 淮安白马湖：湖泊生态修复的"江苏样板"［J］. 今日中国，2020，69（6）：59.

［9］胡继刚，王琴，苏晨，等. 宝应县白马湖退圩还湖方案研究［J］. 低碳世界，2020，10（10）：62-63.

开泰闸海堤工程难点与技术措施

孙承坪[1]，相入兴[2]，陆亚州[3]，周亚明[1]，刁雪芬[1]

(1. 连云港市水利规划设计院有限公司；2. 江苏方洋建设工程管理有限公司；

3. 盐城市水利勘测设计研究院有限公司)

连云港市东临黄海，有标准海岸线约 162 km，境内沿海挡潮闸众多，有着较为丰富的沿海挡潮闸建设经验。目前该地区的挡潮闸基本依现状海堤建设，“海中建闸”的情况极少，开泰闸的建设开创了该地区“海中建闸”的先河。

开泰闸是连云港市连云区海滨新区排水出海的控制性建筑之一，位于三洋港闸东北侧主海堤上，两闸直线距离约 6 km。三洋港闸、开泰闸的命名取“三阳开泰”之意，寓意阴消阳长、吉祥美好。但开泰闸的建设条件复杂，施工环境恶劣，工程的设计和建造过程并不像工程命名那般平静祥和，该工程的建设汇聚了水利工程技术人员的智慧和心血，其中的工程设计难点和应对措施值得工程技术人员进行回顾和总结。

1 工程概况

海滨新区位于台北盐场，是在滩涂上围填海造成的新城区。台北盐场老海堤西起临洪口的元宝港闸，东至北固山，海堤的桩号从 56+715 至 69+785，海堤总长 13.07 km，海堤内为台北盐场和五七盐场（见图 1）。由于多年的海岸淤积，海岸线已前移至老海堤北 1.2~3 km 处，五七盐场在临洪口段老海堤前筑有简易新海堤，新沭河右堤也向前延伸了约 3 km。

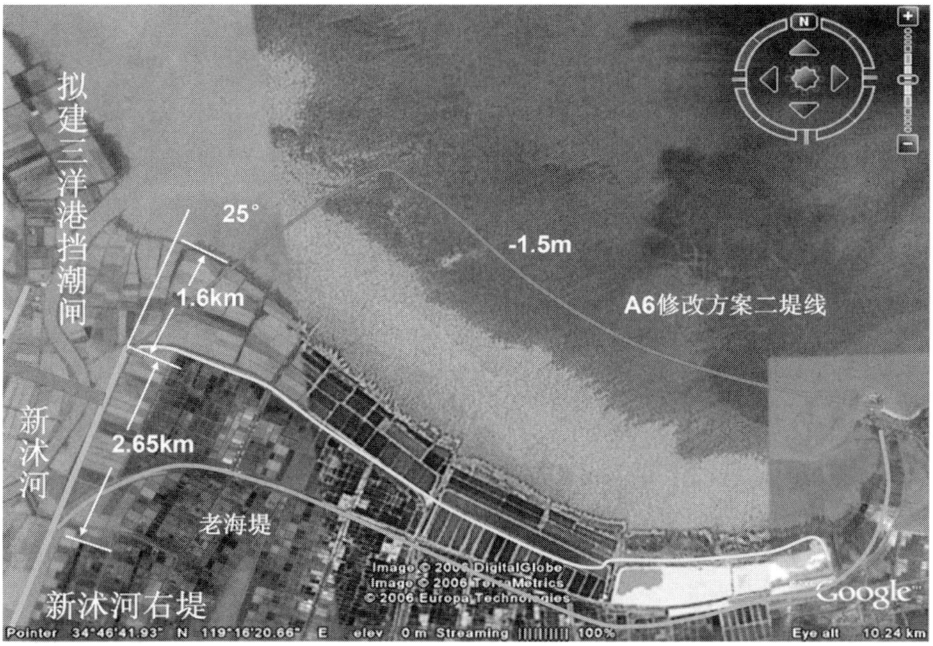

图 1　台北盐场老海堤情况示意图

由于海岸线前移，原挡潮闸下自然形成的河道断面变得狭小，淤积严重，已不能满足现状盐场的排水要求，需将挡潮闸北移以满足排水要求。根据《连云港市城市防洪规划》调整安排，考虑区域内土地功能变化及为水系调整留有余地，按照在大浦调尾河上口东侧排淡河不建闸的情况确定闸孔总宽度，确定海滨新区挡潮闸总净宽为 80 m，将原规划的 5 座挡潮闸调整为 3 座，如图 2 所示，其中开泰闸净宽 20 m、新城闸净宽 40 m、西墅闸净宽 20 m。

海滨新区海堤较老海堤向海侧推进了约 3 km，全长 11. 485 km。新区海堤和挡潮建筑物工程是海滨的重要基础设施，它为上游流域的防洪保安提供了强有力保障，同时为大浦调尾河东调 105 m^3/s 洪水提供了安全行洪口门。该工程的兴建可使上游总面积 160. 5 km^2的区域排涝标准达到设计 20 年一遇，挡潮标准达到设计100 年一遇，校核 300 年一遇。

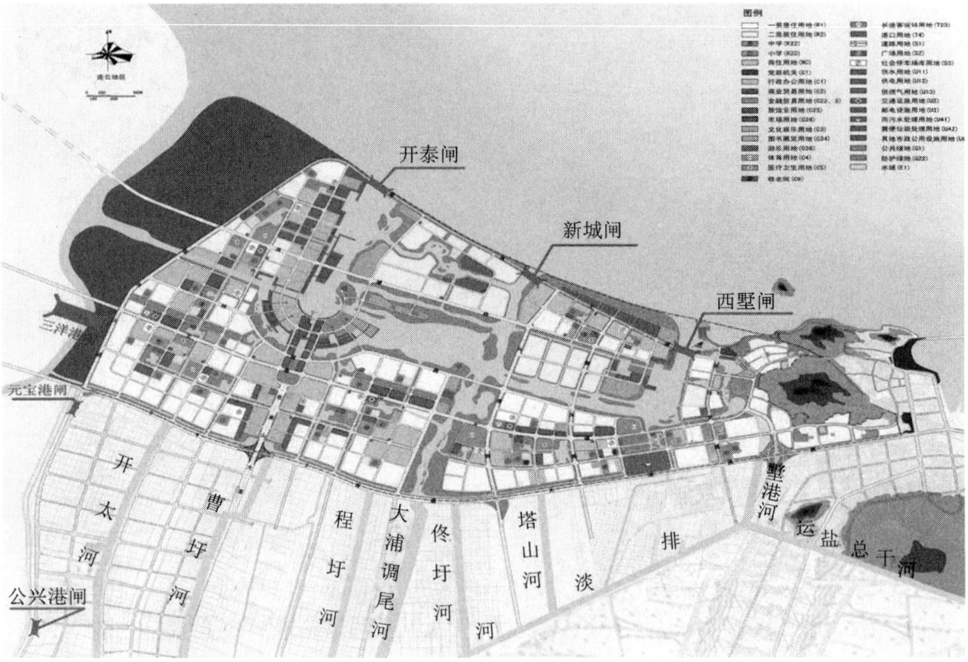

图 2　开泰闸工程位置示意图

2　开泰闸的工程难点及技术措施

开泰闸工程建在老海堤外侧约 3 km 处，工程建设位置淤泥层较厚，淤泥属不良工程地质层，具有含水量高、孔隙比大、压缩性高、力学强度低等不良工程地质特性；工程建设地点离陆地远，建设环境较为恶劣。该工程及同期建设的新城闸、西墅闸是这一地区首次在海堤以外新建的中型以上规模的水工建筑物，工程的进场道路、围堰施工及主海堤施工现场情况如图 3、图 4 所示。

图 3　开泰闸围堰及进场道路施工

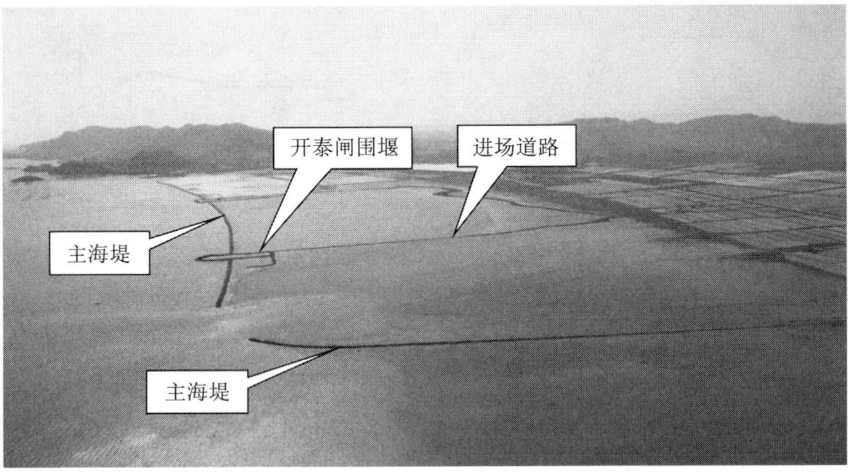

图 4　开泰闸围堰及主海堤施工

（1）工程难点一：施工条件复杂、地质条件差。

技术措施：采用爆破挤淤填石围堰技术为工程施工提供了安全保障，这是该技术在江苏省内水利工程施工围堰中的首次应用。

海滨新区规划的总体目标是充分合理地利用潮间带滩涂资源，解决连云港市城市发展迫切需要解决的空间制约问题。规划区位于临洪河口至西墅渔港之间，规划总面积 49 km^2，需要按照-1.4 m（1985 国家高程基准，下同）左右等深线围建新海堤。为与海堤建设同步，建设开泰闸时形成了“海中建闸”的特殊状况，闸塘四周均面临海水的侵蚀与淘涮，这种“海中建闸”的形式属省内首次。为保障水闸主体建设方案的顺利与安全实施，经多方案研究、比选，确定采用爆破挤淤填石技术进行围堰的填筑。堤心石为爆填 10～100 kg 块石，底高程至底部硬土层，外坡 1∶1.5~1∶2.5，内坡 1∶1.5；外坡为理坡，铺设防渗结构，块石压坡，浇灌混凝土；内坡为理坡，铺设防渗结构，填筑闭气土方，袋装土压脚。施工工艺采用堤头爆填、靠海侧爆填和爆夯，如图 5 所示。

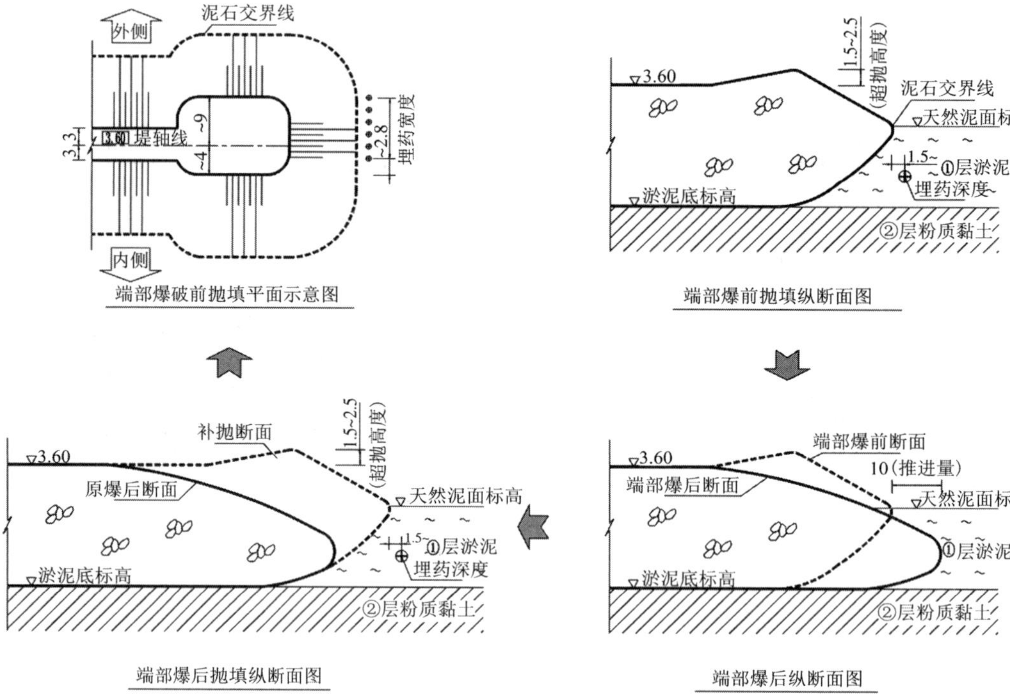

图 5　开泰闸爆破挤淤填石施工工艺

（2）工程难点二：施工区域地质条件差，施工机械、设备等进场困难。

技术措施：施工场区采用塑料排水板真空预压固结法。

工程施工区域内表层①层淤泥厚约 10 m，其物理指标很差，该层土为流塑状，直接快剪指标黏聚力 $C=8$ kPa，内摩擦角 $\varphi=0°$。为确保主体工程及施工安全，对该层软土进行加固处理，采用真空预压排水固结法进行地基加固。由于围堰面临海水侵蚀与淘涮的影响，排水固结法还需要适应潮位的变化。竖向排水体为 SPB 型塑料排水板，间距 1~1.5 m，正方形布置，上部铺设砂滤层，滤层内铺设纵横向排水主、支管，通过真空泵抽水降低淤泥孔隙水压力，固结软淤，如图 6 所示。经处理后的淤泥土承载力由原来的仅 30 kPa 提高到 60 kPa，抗剪强度达到 10~16 kPa，较原状软淤抗剪强度指标提高了 60%，固结度超过 80%，满足施工机械进场作业的需要。工程中采用潮间带塑料排水板真空预压固结法对施工区域进行加固，这是该地区在水利工程中首次采用此类技术进行地基处理。

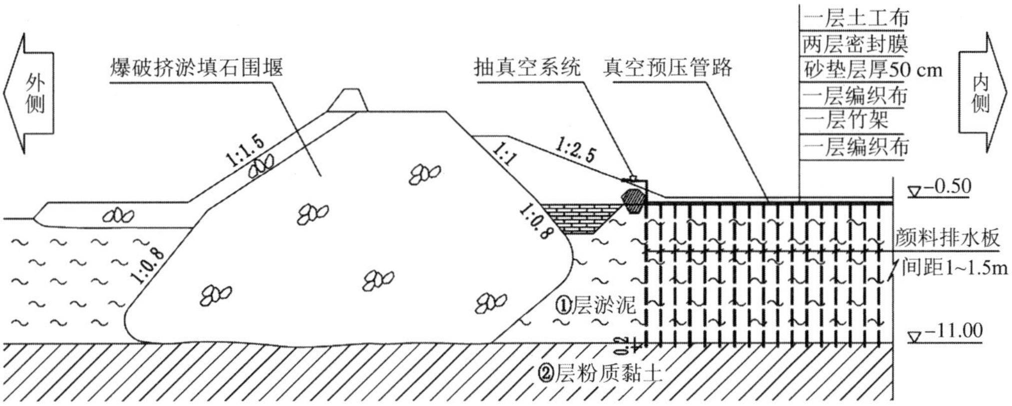

图 6　开泰闸真空预压软基处理示意图

(3) 工程难点三：工程建设区域地质条件差，主体工程基础形式选择与工程安全、工程投资和施工进度关系密切。

技术措施：采用多种基础处理方式。

开泰闸场区位于水下淤泥质浅滩，现状标高约-1.4 m，地质钻探揭露的地层均为第四系松散堆积物，自上而下共分为 6 个工程地质层，其中表层①层淤泥厚约 10 m,基础处理成了该工程的关键内容之一。经多方案研究、调查、比选，针对不同部位采用多种基础处理方案。施工围堰采用爆破挤淤填石结构，保障施工场区外围屏障的安全；施工场区软淤采用塑料排水板真空预压固结法进行处理，为施工提供可靠的稳定场地；闸室、空箱岸墙、空箱引桥、翼墙采用灌注桩基础；为防止底板下形成渗流通道，闸室底板下及翼墙防渗段范围内底板下均设预制板桩；上游铺盖、下游消力池下采用预制桩基础。

在工程中采用多种基础处理方式，既保障水闸主体结构的安全，又节约工程投资；施工可交叉进行，缩短了工期。

(4) 工程难点四：下游处于低潮位时，下游消能防冲设施运行条件恶劣，控制不当易造成水闸消能防冲设施损坏，进而威胁主体工程安全。

技术措施：通过工程措施改善下游消能防冲设施的运行条件。另外，协助建设管理单位制定科学合理的调度运行规则。

相比内河水闸，沿海挡潮闸一个最为显著的特点是其消能防冲设施运行条件通常较为恶劣，受下游潮涨潮落的影响较大。如何保证下游消能防冲设施运行安全可靠且经济合理，是工程设计的一大难点。该工程消能防冲设施主要由消力池、海漫、防冲槽、拆除段围堰底部块石及两侧导流堤共同组成，工程布置如图 7、图 8 所示。具体设计的要点如下：

① 工程结合围堰建设在下游两侧各建约 120 m 长导流堤，一方面防止水流出闸后无序扩散，另一方面利于下游水位壅高，改善低潮位时下游消力池的运行条件。

② 围堰中泓部位高程−2 m 以下堰体不予拆除，在不影响水闸泄洪的条件下，可用来进一步消除水流经过消能防冲设施后的余能，减少闸下冲刷。

③ 根据下游潮位变化规律及上游水位变化过程，计算在充分发挥消能防冲设施功能和满足安全运行要求时下游最低运行水位对应的闸门开度，绘制各种工况下的闸门开度流量曲线图，进而协助建设管理单位制定科学合理的调度运行规则，为工程安全运行提供有力的技术支撑。

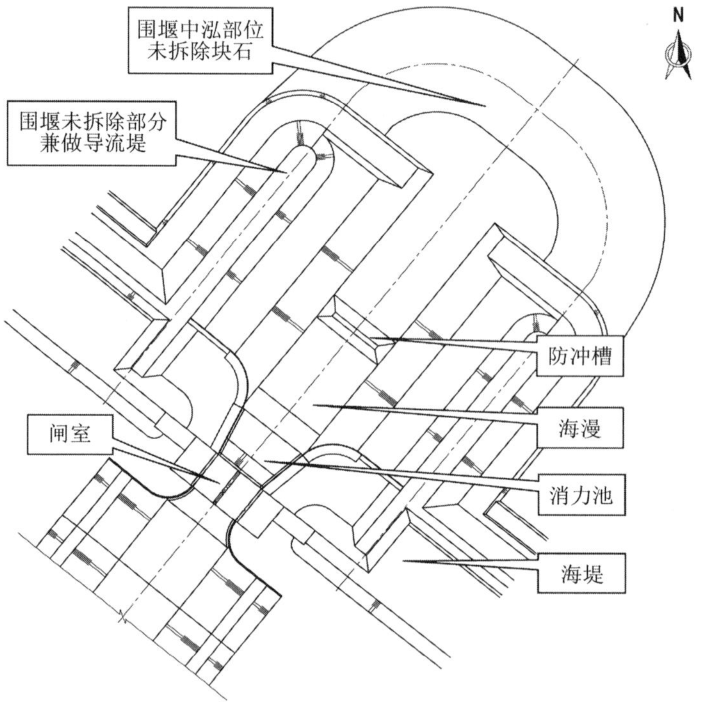

图 7　开泰闸工程平面布置示意图

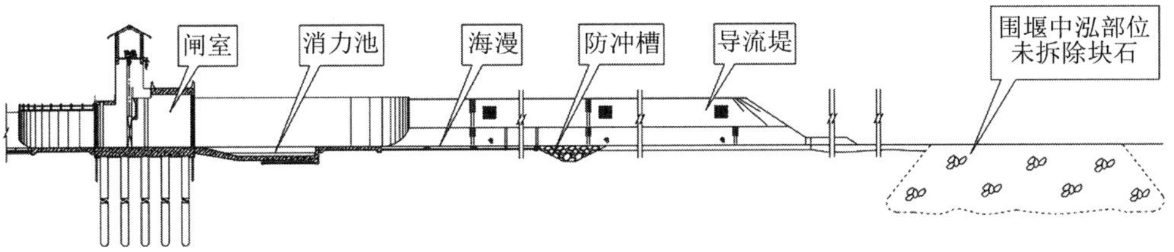

图8　开泰闸工程纵剖面布置示意图

（5）工程难点五：工程环境属于海水浪溅区和重度盐雾作用区，混凝土及钢筋混凝土结构受腐蚀性因素的影响严重。

技术措施：主要部位混凝土外露面涂有机硅混凝土保护剂。

该工程建于老海堤外侧约3 km处，属于海水浪溅区和重度盐雾作用区，为了减少海水及盐雾对工程混凝土结构使用寿命的影响，增强混凝土结构的耐久性，使用南京水利科学研究院研究开发的GM901多功能有机硅混凝土保护剂（同期建设的新城闸、西墅闸也使用），将保护剂涂刷于闸室、翼墙、岸墙、引桥等混凝土外露面。工程建成至今，主要部位混凝土结构外观良好，混凝土保护剂在工程中的应用达到了预期的效果。

（6）工程难点六：海水浪溅区和重度盐雾作用区的闸门受腐蚀性因素的影响严重。

技术措施：对闸门采用牺牲阳极的阴极保护措施。

阴极保护技术是电化学保护技术的一种，其原理是向被腐蚀金属结构物表面施加一个外部电流，使被保护结构物成为电路阴极，抑制使金属发生腐蚀的电子迁移，避免或减弱金属腐蚀。该工程以闸门作为阴极，在闸门临海侧安装铝合金块牺牲阳极，闸门内河侧安装镁合金块牺牲阳极，铝合金块和镁合金块对闸门进行保护，延长闸门使用寿命。

（7）工程难点七：工程位于连云新城主海堤上，是连云港市名片性形象工程，工程整体外观效果要求高。

技术措施：通过专业化、精细化设计使水闸外观与周围环境协调一致。

开泰闸工程在满足水闸使用功能的前提下，闸上建筑具有现代特色，夜间照明呈现音符跳动的韵律感，闸与道路相融，闸与城市相融（见图9）。桥上护栏采用石材与不锈钢相搭配设计，水工结构采用流线型布置，闸下导流堤结合观景平台布置，这些设计均体现较高的景观艺术感，与海滨新区现代化的城市外貌相得益彰，为新区增添一座地标性建筑。

图 9　开泰闸工程效果图

3　结语

位于连云港海滨新区新建主海堤上的开泰闸的主要功能是挡潮、防洪、排涝、蓄水，兼具防淤、交通、景观等功能，该工程建成已 8 年，与同期建设的新城闸、西墅闸共同发挥作用，可及时排除上游多余来水，在保障人民生命财产安全方面发挥了重要作用；同时可拦截蓄淡，为新区提供可靠的淡水资源。开泰闸为保护范围内的社会经济可持续发展提供了安全屏障，同时创造了优美的生态资源，工程社会效益和经济效益显著。

参考文献

[1] 武可贵，高兆福. 淤泥地基爆炸排水加固的试验研究 [J]. 水利水运科学研究，1998 (2)：178-184.

[2] 向建军，欧正保. 厚层淤泥的爆破挤淤技术 [J]. 工程爆破，2007，13 (2)：36-38.

[3] 王正义，荆雷. 爆破挤淤在护岸工程地基处理中的应用 [J]. 水运工程，

2013（10）：244-248.

［4］刘宝勤，张应奎，孙玉玥，等. 潮间带塑料排水板真空预压固结法在软基加固中的应用［J］. 江苏水利，2013（10）：32-33，36.

［5］陈晓俊. 沿海挡潮闸钢结构防腐蚀质量问题的探讨［J］. 江苏水利，2004（10）：30，32.

自然资源确权登记自动化系统的研究思路

徐璟纯

（南京市测绘勘察研究院股份有限公司）

1　研究背景及意义

自自然资源部、财政部、生态环境部、水利部、国家林业和草原局五个部门联合印发《自然资源统一确权登记暂行办法》以来，各省逐步开展自然资源统一确权登记试点工作。目前，各地仍然处于试点阶段，缺乏具有针对性的登记自动化系统。市场上现有的登记系统主要应用于农村集体土地确权、国情普查、不动产登记确权等领域，至今还没有成熟的针对自然资源确权登记自动化的专用系统，因此研究开发这一专用系统的价值是显然的，其必要性主要有以下几点：

（1）自然资源确权登记工作涉及自然资源、水利、生态环境、林草等诸多部门，数据来源广，种类繁多，数据格式包括矢量、栅格、图片、表格、文本等，处理量大且复杂度高。目前，大部分数据处理仍依赖人工判读、提取、赋值和计算，操作步骤烦琐，容易出现人为错误，因此急需研发针对自然资源确权登记的自动化数据处理辅助系统。

（2）自然资源统一确权登记是中央生态文明体制改革的重要决策部署，是加强自然资源资产管理的现实需要，是履行自然资源管理职责“两统一”的基础支撑。自然资源统一确权登记与集体土地所有权确权登记、国土调查、不动产登记等工作密切相关，相互衔接。充分利用现有的全国国土调查、自然资源专项调查等资源调查的成果，明确自然资源类型的边界，可以避免重复调查所产生的自然资源类型划分的交叉与重叠。对于明确已办理登记的不动产权利，利用不动产单元号、权利主体可以实现自然资源登记簿与不动产登记簿的关联。对于国家公园、自然保护区等各类自然保护地或保护范围内存在集体所有自然资源的，一并划入登记单元，并予以标注和记载。

（3）自然资源统一确权登记立足保护产权、服务自然资源管理的工作需要，其成果要涵盖自然状况、权属状况和公共管制要求等内容，逐步建立自然资源登记"一个簿"、产权管控"一张图"和信息管理"一张网"，这对推进自然资源确权登记法治化，推动建立归属清晰、权责明确、保护严格、流转顺畅、监管有效的自然资源资产产权制度，实现山水林田湖草整体保护、系统修复、综合治理具有重要意义。

（4）自然资源统一确权登记工作正在全国如火如荼进行中，建立标准化、流程化、自动化的数据建库及数据生产、质检一体化系统，同时进一步结合各地实际情况加以个性化地调整部分使用功能，能够有针对性地解决各地实际工作中的难点问题，也能够有效提升自然资源统一确权登记业务的效能。

为了满足多源数据处理的需求，系统需同时兼容集体土地和不动产确权登记实用工具，一个系统如果能够同时处理多个相关项目的数据源，能够根据业主的需求采用对应的工作方式得到所需的中间过程资料及项目成果，就可以降低人力资源成本，减少项目软件资金投入。在满足基本生产作业的基础上，系统若能支持开放性接口，便可以在日常的生产作业过程中不断总结工作中的经验，设计出各种不同的便捷工具模块，完善改进现有的系统，也可以将前期一些冗余的模块删除，从而提升系统的实用性，达到高效服务的目标。

2 项目研究的预期技术水平及应用前景分析

自然资源统一确权登记自动化系统研究应当达到如下的预期技术水平：

（1）数据处理算法准确率高。在充分考虑样本多样性的基础上，通过收集大量不同的数据样本，逐步优化算法，使系统具有较高的判别水平，如宗地代码编码、四至生成等功能准确率达到85%以上；

（2）操作简便，模块拓展性强，软件交互友好。系统采用一键生成的方式，预留模块和接口，满足后期业务拓展的需求。

目前，各省自然资源统一确权登记试点工作已进入尾声，随之而来的将是大量的数据库的建设与生产工作。数据库建库工作作为自然资源确权工作的基础，工作量巨大，烦琐且极易出错。本项目拟利用地理信息系统（GIS）技术，实现数据处理的流程化、自动化、智能化，使自然资源确权数据能够批量生产，大幅提高效率，节约成本。此外，本项目研究的部分功能模块可以推广应用于不动产登记、土地调查、国情普查等与自然资源确权工作流程相类似的项目，从而实现系统应用的不断更新拓展，更好地服务于整个测绘生产行业。由此可见，该项目的推广空间仍有潜力，自动化登记系统在未来会得到更加广泛的应用。

3 项目研发的目标及主要内容

自然资源确权登记自动化系统研发的主要目标包括：规范自然资源及不动产相关国土项目登记的作业流程；建立标准化、流程化、自动化的建库及数据生产、质检一体化系统，同时兼容集体土地登记、不动产确权登记等实用工具；系统具有多种数据标准，能进行多源数据处理，在同一个系统内处理多个相关项目的数据源，得到符合业主要求的中间过程资料及项目成果。

由此明确的主要研究内容如下：

（1）制定合理的技术路线及方法，使自然资源统一确权登记规范化、模块化、流程化；

（2）进行系统框架设计，进行数据处理及质检等模块集成及接口设计；

（3）按规程要求建设标准数据库，基于 GIS 数据分析与算法研究，研发数据处理实用工具，利用 C 语言二次开发地理信息平台（AE+C#）；

（4）衔接集体土地确权登记及不动产登记等国土项目系统，可按照不同的需求个性化地实现数据库建库及数据处理等功能。

（5）成果汇交，设计出不同项目要求的图表模板，形成最终成果目录。

4 项目研发的关键技术及创新点

项目研发的关键技术：

（1）数据结构的设计，自然资源和集体土地确权标准数据库建库与数据衔接；

（2）基于 AE 的 GIS 二次开发（AE+C#）研究；

（3）信息点关联，图属一致性；

（4）基于空间数据的距离、方位判别算法研究与优化；

（5）数据更新及汇交，成果符合国土部门登记系统的统一要求；

（6）系统模块集成及扩展调用。

项目研发针对自然资源数据，通过 GIS、数据库建库等技术，将空间数据和非空间数据进行相互转换、透视关联、智能提取，结合野外作业（外业）调查数据制作形成入库基础数据。根据数据库建设标准规范，将包括宗地代码编码、四至生成、所在图幅号计算、界址点编号、本宗顺序号编号、相邻宗地宗海代码填充、土地利用类型面积分类统计、输出宗地调查表、宗地草图等功能集成为一体化的基于 ArcEngine 工具集。

综上所述，项目研究的创新点主要有：多源数据融合处理；针对自然资源标准建库及成果汇交；GIS 算法及优化方案能紧密结合试点数据与自然资源的项目要求；图属数据关联与智能化提取等。

5 项目研发方法及技术路线

项目研发应在充分了解自然资源确权登记流程的基础上，统一数据转换标准，设计数据库结构，明确重难点及需要优化的模块。在统一标准的前提下，采用自下而上的开发方法，集成多模块功能，在实践中不断完善基础模块，利用目前已有的项目数据进行测试和调试，使系统具有实用性和可扩展性。主要开发方法包括以下两类。

（1）内外业一体化数据处理的作业方法：

① 采集数据：白天外业调查签字，晚上汇总数据，更新入库。

② 数据处理：内外业实时更新一体化操作流程，数据无缝衔接。

③ 内业同步出图、数据检查、内外业互检等。

（2）GIS 数据算法的计算与优化：

① 算法设计：根据数据特点设计算法。

② 算法测试：利用样本数据对设计算法进行测试。

③ 算法优化与调整：根据测试结果进行算法优化与调整。

项目系统研发的技术路线如图 1 所示。

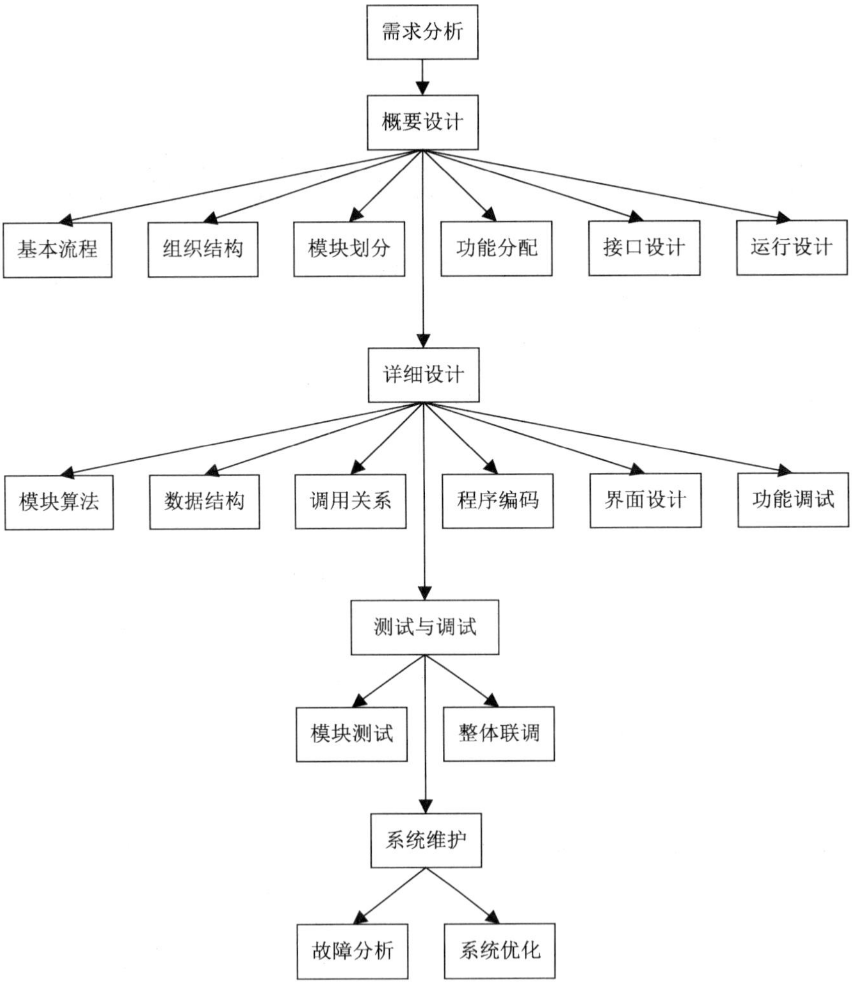

图 1　项目系统研发的技术路线

6　总结

笔者参与了本文项目系统的研发过程，并将项目研究成果成功运用于南京江宁区九乡河、运粮河自然资源确权登记中，结合项目开发与运用，有如下两点认识：

（1）研究人员应结合生产实际及时总结经验并展开研发工作，将涉及测绘、地理信息、遥感等方面的专业知识和多年积累的数据建模开发经验融合在一起，快速构建和优化数据算法与模型，将算法转换成代码，并赋予预期的功能。

（2）应以现有的自然资源统一确权登记规范要求和试点成果数据为依托，编写软件需求说明书，设计软件功能及数据结构，明确研究方向，使成果高度标准化，以便于系统操作使用。

淤泥固化重塑土的强度试验研究

莫建兵[1]，刘国龙[1]，许英[2]，贺国斌[2]，董昊[2]
（1. 镇江市工程勘测设计研究院有限公司；
2. 江苏科技大学土木工程与建筑学院）

淤泥因性质软弱，压缩性及流变性大，往往难以直接为工程所用，需要进行固化处理。常见的淤泥固化方法有两类：一类是排水预压法，该方法耗时较长，处理的淤泥量有限；另一类是化学固化法，即在淤泥中添加水泥、石灰等胶凝材料，通过胶凝材料与淤泥土颗粒发生化学反应来改善淤泥的力学性能，是实现淤泥资源化利用的重要手段。

在实际工程中，淤泥固化搅拌往往与施工在时间和空间上不能同步进行，淤泥需要初次固化并置于临时堆场，待工程需要时再将其破碎、填筑压实以进行重塑。将淤泥固化土碾碎，再按照一定的含水率重新配制成土体，该土体被称为淤泥固化重塑土。国内外对淤泥土的研究多着眼于初次固化后的土体特性，而对真正影响工程的淤泥固化重塑土的性能研究较为少见，对其展开强度性能研究具有较高的工程价值。基于上述原因，本文通过室内剪切试验测定了不同固化剂含量下淤泥固化重塑土的强度指标，并与初次固化淤泥土的强度进行对比，研究结果可为实际工程设计与施工提供参考。

1 试验材料

试验所用土样取自镇江市某河道的疏浚淤泥，采用32.5复合硅酸盐水泥作为固化剂，设计掺量质量百分比分别为7%，9%，11%。经测定，淤泥土的主要物理参数见表1，根据SL237-1999《土工试验规程》中土的分类方法，该淤泥属于低液限黏土（CL）。

表 1 试验用淤泥土主要物理参数

密度/（$g\cdot cm^{-3}$）	塑限/%	液限/%	有机质含量/%
2.15	18.85	33.56	2.51

2 土样的制备

2.1 淤泥初次固化土土样制备

将淤泥土风干后碾碎，过 5 mm 筛。称量所需干土与水泥，按设计质量百分比将水泥与淤泥土混合，分别按 20%和 25%的初始含水率加水搅拌均匀。将调好的土样均匀装入环刀，注意排出气泡。用保鲜膜包裹试样，置于温度为（20±2）℃、湿度为 90%的养护箱中养护 24 h。一部分土样脱模，用保鲜膜包裹试样继续在养护箱中养护 3 d，完成淤泥土的初次固化；另一部分土样进行初次固化土的直剪试验。

2.2 淤泥固化重塑土土样制备

将脱模养护后的淤泥初次固化土在橡皮板上碾碎，过 5 mm 筛，并测定土样的风干含水率。继续配置含水率分别为 20%和 25%的湿土，即淤泥固化重塑土，按下式计算所需水量：

$$m_w=0.01m\ (w_1-w_Q)\ /\ (1+0.01w_Q)$$

式中：m_w为需加的水量；m 为土颗粒质量；w_1为试样要求的含水率；w_Q为风干含水率。

将淤泥固化重塑土样用保鲜膜覆盖置于保湿缸内，静置 24 h 后进行直剪试验。

3 试验结果分析

3.1 初次固化土与重塑土的强度指标

通过剪切试验测得水泥掺量为 7%，9%，11%的淤泥初次固化土在初始含水率分别为 20%和 25%时的黏聚力和内摩擦角（见表 2）。将水泥掺量分别为 7%，9%，11%的淤泥固化土配制成重塑土，测其黏聚力和内摩擦角（见表 3）。

表 2　淤泥初次固化土的强度指标

水泥掺量/%	含水率/%	黏聚力/kPa	内摩擦角/（°）
0	20	26	13.1
	25	35	12.8
7	20	98	16
	25	109	24
9	20	105	14
	25	122	23
11	20	122	14
	25	135	21

表 3　重塑土的强度指标

水泥掺量/%	含水率/%	黏聚力/kPa	内摩擦角/（°）
7	20	61	5
	25	59	7
9	20	38	7
	25	51	7
11	20	31	9
	25	44	9

不同含水率下初次固化土和重塑土的黏聚力的变化如图 1、图 2 所示，从图中可以看出，淤泥固化土的黏聚力随水泥掺量的增加而增加。当含水率为 20%时，掺入 11%的水泥后，土的黏聚力从 26 kPa 提高到 122 kPa，可见水泥作为固化剂对土体强度的提高有较为明显的作用。但土体重塑后，强度明显降低。以含水率为 20%的情况分析，水泥掺量为 7%的重塑土，黏聚力从 98 kPa 减小到 61 kPa，降低了 37.8%；而水泥掺量为 11%时，黏聚力从 122 kPa 减小到 31 kPa，降低了 74.6%。

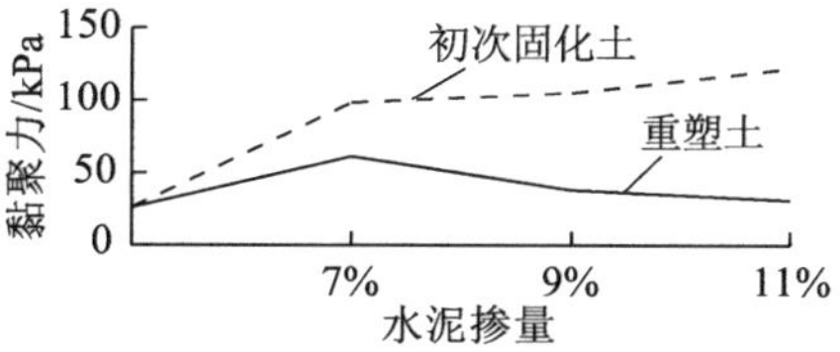

图 1　土体黏聚力的变化（初始含水率为 20%）

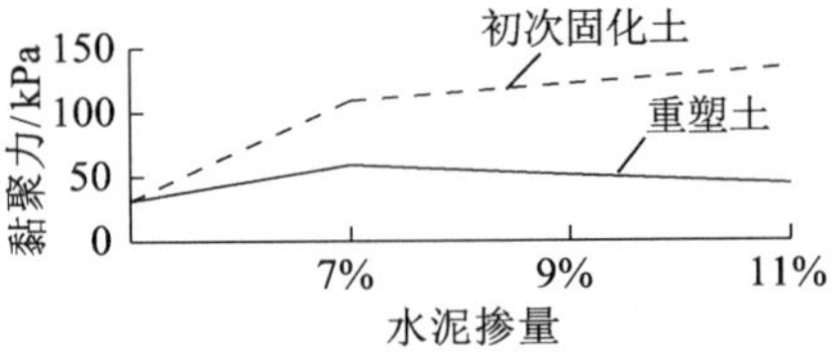

图 2　土体黏聚力的变化（初始含水率为 25%）

可见，水泥掺量越多，固化土重塑后强度降低的幅度也越大，因此实际工程中对淤泥进行初次固化处理时，强度不宜太高，一方面初次固化土重塑后强度降低较多，并不经济；另一方面，初次固化强度过高，后期施工使用时不易破碎。

不同含水率下初次固化土和重塑土的内摩擦角随水泥掺量的变化情况如图 3、图 4 所示，从图中可以看出内摩擦角随水泥掺量和含水率不同而变化不大。当含水率较低时，初次固化土的内摩擦角随水泥掺量的增加略有增长；土体重塑后，内摩擦角略有减小，但随水泥掺量的增加，该值无明显变化。而当含水率较高时，初次固化土的内摩擦角随水泥掺量的增加反而有所减小；土体重塑后，其值变化不大。由此可见，不论是固化土还是重塑土，水泥掺量对土体内摩擦角的影响均较小。

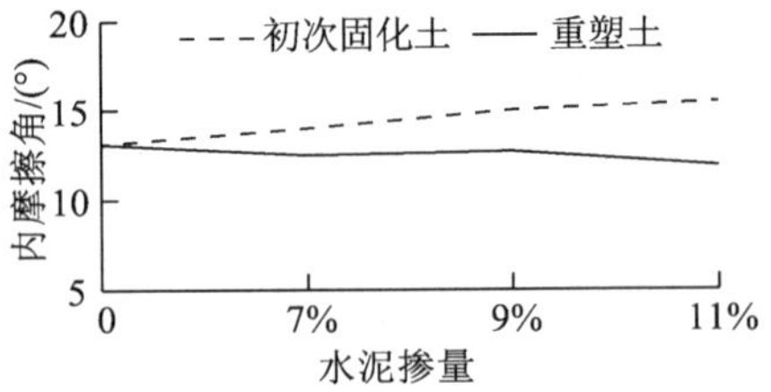

图 3　土体内摩擦角的变化（初始含水率为 20%）

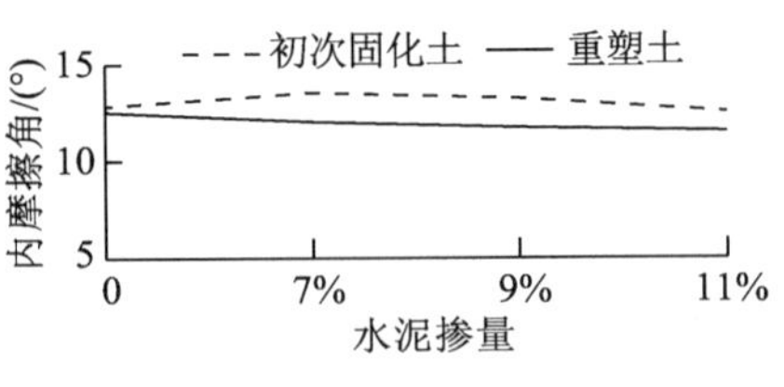

图 4　土体内摩擦角的变化（初始含水率为 25%）

3.2　固化土与重塑土的强度对比

土的抗剪强度主要由土体内部颗粒间的黏聚强度和摩擦强度指标构成，即黏聚力和内摩擦角。从上述分析可见，无论是初次固化土还是重塑土，黏聚力均随着水泥掺量的增加而增大。与淤泥初次固化土相比，重塑土的黏结强度大大降低，而反映土体摩擦强度的内摩擦角则变化不大，无显著降低。这是因为淤泥固化土经过破碎重塑之后颗粒间的胶结作用被破坏，初次固化胶结强度越大，重塑后黏聚力的损失也越大。水泥掺量越高，这种现象越明显。在不同的含水率下，重塑土的强度远远小于初次固化土，这进一步表明重塑土的强度主要来源于破碎固化土团粒间的摩擦咬合作用，土体重塑后初次固化的颗粒间胶结强度（即黏聚强度）丧失。

4 结论

（1）重塑土强度主要来源于破碎固化土团粒间的摩擦和咬合作用，与淤泥初次固化土的强度相比，不同水泥掺量的淤泥固化重塑土的强度（主要是黏聚力）大大降低。

（2）水泥掺量越高，初次固化土的胶结强度越大，而土体经过重塑后，其黏聚力的损失也越大，因此在实际工程使用淤泥固化重塑土时，初始固化土的处理强度不应太高。

参考文献

[1] 朱伟，张春雷，刘汉龙，等. 疏浚泥处理再生资源技术的现状［J］. 环境科学与技术，2002，25（4）：39-41.

[2] 张和庆，谢健，朱伟，等. 疏浚物倾倒现状与转化为再生资源的研究——中国海洋倾废面临的困难和对策［J］. 海洋通报，2004，23（6）：54-60.

[3] 黄新，周国钧. 水泥加固土硬化机理初探［J］. 岩土工程学报，1994，16（1）：62-68.

[4] 黄英豪，朱伟，张春雷，等. 固化淤泥重塑土力学性质及其强度来源［J］. 岩土力学，2009，30（5）：1352-1356.

镇江市丹徒区御隆河水利风景区规划布局研究

胡金杰，王福生，童琦媛
（淮安市水利勘测设计研究院有限公司）

水利风景资源是河湖水域与岸线及与其关联的水文、地理、生物、工程、文化等对人具有吸引力的自然和人文要素的总和。水利风景区是依托一定规模和品质的水利风景资源建设的，具有水利、生态、文化、游憩、服务等功能的区域。近年来，在习近平生态文明思想和新时期治水方针引领下，江苏省以全面推行河湖长制为统领，结合大运河文化带建设，系统谋划，开拓创新，积极推进各地水利风景区建设。水利风景区在改善人居环境、推动旅游经济发展等方面作用显著，本文以镇江市丹徒区御隆河水利风景区规划为例，思考和研究新时期自然河湖型水利风景区的规划布局。

1　工程概况

御隆河水利风景区位于镇江市丹徒区的江心农业园区，这里处在长江和大运河交汇处，属于上海经济圈和南京都市圈的交汇点，是苏北与苏南两个经济板块交界线上唯一一座四面环水的江岛。景区规划面积约 0.89 km^2，其中水域面积约 0.42 km^2，依托长江、御隆河及江心排涝总站而建，属于自然河湖型水利风景区。

江心洲四面环江，岛内水网密布，主干河道与长江相连，水位常年稳定在 4.0 m左右（吴淞高程系，下同），目前共有大小河道 27 条，其中镇级河道 13 条，村级河道 14 条，基本连接成网。御隆河主要功能为排涝、灌溉，沿线保护耕地 5 000 亩，保护人口 4 000 人。御隆河水利风景区南起南江泵站，终至北江泵站，全长 2.2 km，汇水面积 2.5 km^2，河道底宽 50 m，底高程 1.0 m，河口宽 50～100 m，两岸为自嵌式生态挡墙。江心排涝总站位于风景区东侧江堤内，排涝时涝水经江堤上的双孔涵排入长江。总站为低扬程泵站，采用立式轴流泵，设计流量为12.6 m^3/s，总装机容量 900 kW，选用 5 台 900ZLB-100 轴流泵，单泵流量约 2.52 m^3/s。工程等级为Ⅲ等，规模为中型泵站，主要建筑物级别为 3 级，次要建筑物级别为 4 级，地震设计烈度为 7 度。总站担负着江心农业园区 95%的排涝任务，自 2014 年投入运行以来，总开机 2 885 台时，排除涝水 2 617.2 万立方米，防洪排涝效益十分显著。

根据镇江市丹徒区总体空间发展规划和丹徒区旅游业发展总体规划，御隆河水利风景区依托长江这一不可多得的自然资源，利用江心农业园区丰富的自然、人文、水文旅游资源优势，以“整合”和“提升”为两大核心手段，挖掘柑橘文化、江岛文化、长江文化、历史文化等主题文化旅游资源，力争将风景区打造成集水利科普、水文化体验、生态农业、观光游憩、江岛文化等多功能于一体的具有影响力的省级水利风景区。

2 风景区建设的重要性

（1）建设“幸福河湖”的重要载体。风景区以独特的工程、资源、环境优势，描绘出“河畅、水清、岸绿、景美”的“幸福河湖”新景象，实现“人水和谐”“村水和谐”。

（2）满足人民群众美好愿望的重要体现。御隆河水利风景区围绕“水生态、水文化、水科普”建设水利设施展览馆、河长制公园，在建设优美宜居生态环境的同时，帮助当地人民群众了解水文化、学习水知识，营造浓厚的爱水、亲水、护水的社会公众氛围。

（3）乡村振兴的重要支撑点。丹徒区江心农业园区是典型的农业乡镇，通过科学合理地利用水利风景资源，以向游客提供食、宿、行、游、购、娱等服务产品为依托，不仅拉动当地相关农副产业发展，也为居民提供了许多直接或间接的就业机会。

3 风景区特色资源

在现场调查与文献资料整理的基础上，根据 SL300—2013《水利风景区评价标准》，对江心洲水利风景区内水利风景资源进行统计，资源分类统计情况见表1。

表1　江心洲水利风景资源分类统计情况

景观资源类型	水利风景资源单体
水文景观	长江、御隆河、滨江湿地
地理景观	地势平坦，河渠纵横，金色滩涂
生物景观	白鳍豚、江豚、白鲟、黑水鸡、芦蒿、马兰头等
工程景观	江心园区排涝总站、胜利排涝总站、滨水栈道、亲水平台等
人文景观	龙王庙、开荒、野菜节、无花果节、柑橘节
其他景观	塘橘色水景园、江心洲橘江里景区、益平村文化墙等

御隆河水利风景区所处的江心洲四面环江，景区内滩涂滨水资源丰富，岛内水网密布，水位常年保持稳定。风景区内主要水体为御隆河，全长2.20 km，水面宽50~100 m，水体视野开阔。风景区现拥有3A级江心洲橘江里旅游区景点，各项资源丰富，风景优美，依托区位优势明显，具备提供建设良好景观的环境背景条件，是旅游开发的潜力之地。

4　风景区空间规划布局

4.1　规划总体目标

以水利与乡村田园旅游结合为突破口，充分利用当地水资源和田园资源，如现有河道、水利建筑物、大量民宿用地等，走小而精、小而美的路线，积极将御隆河水利风景区打造成集娱乐、休闲、运动、养生为一体的旅游目的地，形成江心洲“生态+旅游+农产品”综合发展的创新区与示范区，促进镇江地区乃至长江经济带的旅游产业和农业经济的发展，以此推动旅游产品的转型、升级与跨越，打造镇江市丹徒区的重要景观节点及长江水文化的传播基地。

4.2　风景区发展战略

（1）旅游核心发展战略

充分发挥江岛特色、水利与乡村的资源优势，促进水利风景区旅游业的繁荣。重点建设旅游配套产业，同时借力现代农业，大力发展具有田园特色的乡村旅游。

（2）生态优先发展战略

注重对江河湖泊湿地生态的涵养与保护，坚持高效与可持续的产业导向，提高产业进驻门槛，提升乡村环境品质，实现经济效益、社会效益与生态效益的高度统一。

（3）文化引领战略

提炼江心洲最具代表性的文化精髓，深度挖掘江心洲柑橘文化、江岛文化、长江文化等特色文化资源，将文化全方位融入景观建设、产品开发和旅游项目中，丰富文化体验项目，结合度假休闲、江岛美食，构建江心洲文化旅游品牌，引领江心洲旅游建设的发展与创新。

4.3 空间布局

（1）空间布局原则

① 因地制宜原则：充分考虑江心洲的自然条件、地理条件、生产生活布局现状以及区域社会经济发展趋势，结合周边社会经济和景区生态环境现状，对风景区进行科学的功能划分，有利于功能区的优势发挥，形成各区的特色。

② 重点突出原则：有针对性地突出重点景区，以景观展示和穿插活动项目的主题旅游，形成水利文化重点突出、旅游功能协调匹配的布局结构。

③ 空间连续性原则：力求同一主题的旅游项目在空间布置上形成连续区域，以体现规模效应。

④ 水文化特色原则：充分挖掘旅游资源中的水文化元素，并在功能分区、项目策划和景点设计上予以充分体现。

⑤ 旅游区范围发展性原则：确定旅游区范围，树立超前意识，将现实与未来结合统筹，适度预留旅游发展用地，并规划一定范围的控制区，保护旅游区的环境质量。

（2）空间功能分区

建设水利风景区的根本目的是保护水生态环境，因此功能区的划分应以利于水生态环境的保护为目的，同时注重将河道资源作为旅游资源开发利用，提高水资源保护的社会参与程度，使生态保护与社会经济发展相协调。根据功能设施要求及用地条件，协调水、景观、人文、社会资源，将风景区划分为水利文化展示区与橘江文化休闲区两大主题片区。

（3）规划结构

风景区以“一轴一核两区”为格局，以水景观与文化资源为依托，体现水利与乡村田园旅游相结合的规划理念，以亲水为主线，以生态为基础，以休闲功能为主体，以观光、文化旅游和旅游休闲为补充，打造城镇和旅游项目一体、环境与社会共生、生态与文化兼备、特色鲜明的可持续发展的休闲旅游区。御隆河水利风景区空间规划结构如图 1 所示。

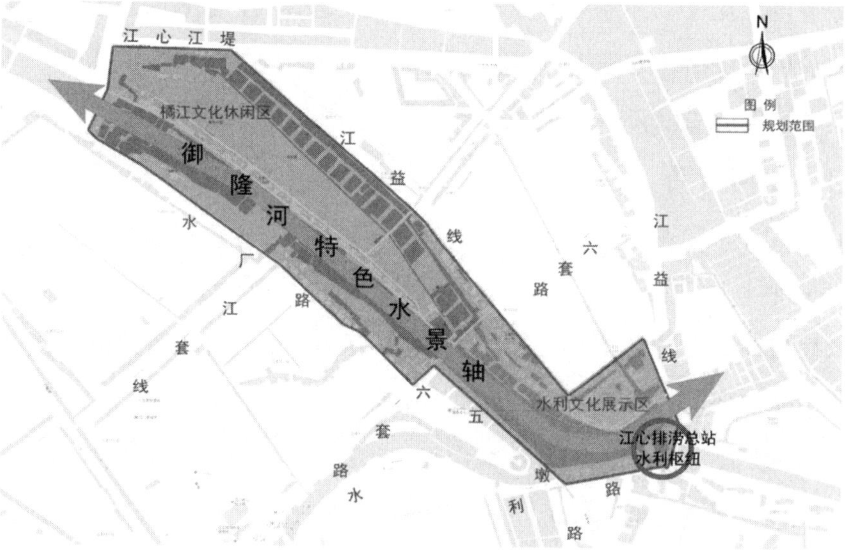

图 1　御隆河水利风景区空间规划结构图

“一轴”是御隆河的水体凝固成的特色水景轴，建设形似玉带的生态景观廊道，建设湿地公园、滨水休闲绿地、滨水亭台、水上乐园等景观。

“一核”是以江心排涝总站水利枢纽为核心，周边打造水利工程科普文化展览区。

“两区”是以御隆河为轴心在其周边形成的水利风景区，包括水利文化展示区与橘江文化休闲区。

4.4　规划区的功能项目规划

结合“一轴一核两区”的总体格局，以“水生态、水文化、水科普”为主题，合理规划和落实各类功能项目。

（1）水利文化展示区

在风景区南主要入口和沿线主干道路上，重点做好风景区形象展示和江心洲文化及水利科普主题展示，利用现状地形，营造特色突出的风景区入口，形成形象鲜明、形式多样、深入人心的文化展示区。该区域用地面积 0.252 km^2，是体现江心洲地方文化特色的关键，主入口大门采用石碑印字；打造橘江景桥、滨水栈道，以水利设施展览馆、科普长廊为载体展示亲水景观；通过安排一系列集休闲与娱乐于一体、参与性较强的项目，引导游人与水景亲近交流，体验镇江江南水乡的独特生活。规划的主要项目有：旅游综合服务中心（水利设施展览馆）、江心排涝总站、廉政文化区、橘江景桥、滨水栈道、河长制公园等，部分项目效果如图 2 所示。

(a) 水利设施展览馆

(b) 河长制公园

图 2　水利文化展示区规划项目效果图

（2）橘江文化休闲区

在风景区北部通过发掘江心洲柑橘文化、江岛文化、长江文化等文化特色资源，设立文化体验项目，开展观赏、采摘、制作等体验活动，构建江心洲文化旅游品牌。该区域用地面积 0.638 km^2，充分展现江心洲的地方特色，打造休闲采摘、文化体验、滨水游憩、江岛观光等体验区，引导游人与水景、森林、田野亲近交流。规划的主要项目有：科普长廊、民俗文化体验馆、橘江民俗度假村、橘江小镇、有机农场、垂钓园、橘江里养生谷、橘江采摘园、游船码头、漫游步道等。

5 结语

当前，建设高质量、高水平水利风景区的生态治理策略得到了高度重视。本文探讨了御隆河水利风景区的特色资源分布情况，以“整合”与“提升”两大核心理念为基础，研究了景区独特的“一轴一核两区”布局结构。这一规划布局策略充分发挥了风景区现有的资源优势，体现了水生态、水文化、水科普与田园旅游相结合的规划理念，功能区的结构规划有利于风景区项目的落实并形成旅游特色。御隆河水利风景区的建设对于提高社会爱水、护水意识，构建“山、水、林、田、湖”的大生态共同体，促进丹徒区的经济社会与资源环境的协调和可持续发展，具有重要意义。

参考文献

［1］许海川，张文瑞．城市河湖型水利风景区发展规划实践与思考［J］．水利规划与设计，2020（3）：39-42.

［2］谢祥财，刘晓明．具有地域特色水利风景区的规划方法初探——以聊城市徒骇河水利风景区规划为例［J］．水利经济，2008，26（5）：58-60.

南京玄武湖东南湖湖泊生态修复与景观设计研究

张 茜

（淮安市水利勘测设计研究院有限公司）

生态修复是改善城市湖泊水体的常用方法，在我国和世界其他国家得到了广泛的应用。城市湖泊在整个城市景观体系中具有重要地位和作用，在对其实施生态修复的同时可以进行与之适配的景观设计，从而使城市湖泊具有水质净化与景观美化的双重功能。

玄武湖位于南京市区玄武门外，湖水主要来自紫金山北麓，湖面面积 3.678 km^2，陆地面积 1.04 km^2，平均水深 1.14 m。玄武湖内有 5 个岛，分别称作环洲、梁洲、翠洲、菱洲、樱洲，各岛之间以桥或堤相通，湖面由此被分成三大部分，即北湖、东南湖和西南湖，是典型的浅水型城市湖泊。

从 20 世纪 80 年代开始，玄武湖水域人口迅速增加，大量的生活污水及工业废水排入湖内，使湖水中有机物、营养盐的负荷不断增加，再加上玄武湖隧道、九华山隧道建设时遗留在湖底的部分建筑垃圾导致玄武湖容量减少，使水质进一步恶化，水体富营养化加剧。作为南京市重要的旅游观光性湖泊，玄武湖的生态安全备受关注。自 2008 年以来，玄武湖先后开展了三次大规模清淤，近几年又通过对部分区域的生态化改造、生态湿地的建设和生物群落的构建，增强了该区域水体的自净能力，现状已建成的生物群落状态良好，对于改善水质起到很大作用。

本文以玄武湖东南湖为例，探讨生态修复与景观设计相结合的城市湖泊生态修复方法，即通过生态清淤削减内源污染，为水生植物恢复创造良好的条件，进而为浅水区水生植物恢复及湖滨带景观设计提供工程方案参考。

1　玄武湖的现状分析

1.1　底泥现状分析

对玄武湖湖区底泥深度及质量的空间分布进行监测，按 100 m×100 m 网格布置底泥深度监测网，合计 355 个监测点。根据玄武湖的特点，确定其中有代表性的点位，测定各点位底泥中的 TN、TP 含量（见表 1）。根据底泥深度测定结果，将不同点位的底泥深度数据输入插值软件，用三角形网格对玄武湖湖区进行划分，并采用自然邻接点插值法生成玄武湖底泥深度空间分布图（见图 1）。

表 1　玄武湖东南湖底泥质量测定结果

mg/kg

监测点	TN 含量	TP 含量
SE-7	3 244.7	578.8
SE-11	1 419.4	777.5
SE-26	3 226.3	1 395.84
SE-33	1 797.0	1 443.8
SE-40	3 350.9	1 033.3
SE-49	3 109.5	1 572.2
SE-55	2 708.9	1 171.1
SE-66	1 834.7	968.4
SE-75	2 994.9	946.3
SE-81	1 586.1	1 934.3
SE-86	5 553.5	869.3
SE-99	4 418.9	671.0
SE-108	4 628.5	1 065.6
SE-115	3 004.8	1 100.4
SE-123	3 211.7	910.7
SE-133	4 993.7	143.0
SE-143	1 680.8	466.3
SE-149	2 761.6	1 182.0
SE-162	5 339.9	1 150.8

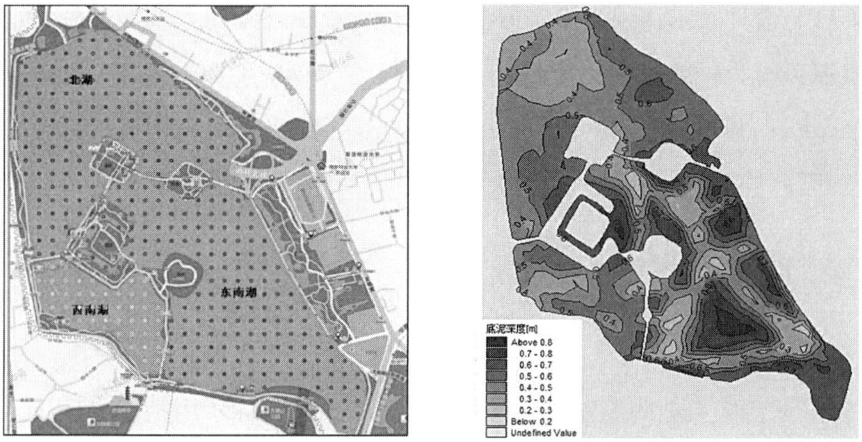

图 1　玄武湖底泥监测点位及底泥深度空间分布图

上述监测结果显示，玄武湖底泥中累积了丰富的 TN 和 TP，底泥中的氮、磷含量较高。东南湖的西北部湖区水体流动性较差，底泥中氮、磷含量较高；东部湖区由于唐家山沟、紫金山沟等入湖沟渠在汛期带入了大量高氮磷的泥沙，因此其底泥中氮、磷含量为玄武湖全湖最高。

1.2　水生态及景观现状

翠洲南侧现有 10 000 m^2生态修复示范区，区域内水体透明度较高，“水下森林”清晰可见，水生植物、水生动物种类丰富，生态系统较为完善，景观效果非常好。但是现状生态修复示范区外水体较为浑浊，透明度低，水中缺少沉水植物，水质和系统稳定性较差，系统自净能力低下，与现状生态修复示范区的水体感官差距较大。

翠洲—梁洲段现为硬质驳岸，驳岸多垂柳，水生植物景观少，且以黄菖蒲居多，植物群落缺少变化及记忆点，缺少互动、休憩等景观设施。

2　城市湖泊生态修复与景观设计的原则

对城市湖泊实施生态修复和景观设计应遵循 4 个原则：

（1）综合性、功能性和经济性原则；

（2）生态稳定、完整和安全原则；

（3）整体性和连续性原则；

（4）体现地方精神原则，即在满足城市湖泊生态环境功能的前提下，景观设计要体现不同城市的地方特色。

景观设计总体技术路线以生态修复为主，将景观规划纳入功能区划、群落配置之中；在基质（湖泊恢复区）上设计不同的板块（具备生态恢复功能的湿地及生物群落等），并通过合适的廊道（水面和亲水步道等）将它们紧密地联系在一起；最终通过景观设计把湖泊景观融入城市景观。

3 城市湖泊生态修复

3.1 生态清淤

生态清淤是指以减少底泥内源负荷和污染风险为目标，用机械方式，对富含污染物（如营养物、重金属和有机污染物等）的规划设计层厚的沉积物进行精确、有效和安全的清除，并考虑为水生生物种群的恢复创造条件。底泥清淤对于富营养化严重的湖泊而言，是一种治理内源污染的有效途径。

（1）清淤技术设备的选择

目前，我国湖泊清淤采用的清淤技术装备主要有绞吸式挖泥船、抓斗式挖泥船、自航耙吸式挖泥船、链斗式挖泥船和铲斗式挖泥船。应依据“目的决定、工况选型、效益兼顾”的原则，在明确清淤目的后充分考虑清淤工程特点、生态环境要求、通航、水深、清淤岩土体工程特性、弃土场位置以及设备调遣条件等，科学、务实地选择清淤设备和清淤方法。

玄武湖是南京市重要的国家级风景区，是南京市的城市形象窗口。玄武湖生态清淤工程实施过程中对环境保护要求较高，必须尽量保持湖水清洁以及路面洁净，同时施工器械应整洁有序，以保证整个施工过程不破坏玄武湖的生态环境。清淤过程中，玄武湖将正常开放，为市民及游客的休闲、观光、娱乐提供场所。施工过程中不进行围挡，也不对施工区域进行临时围封管理，避免影响景观。综合考虑玄武湖清淤的特点以及清淤设备的性能，选取铲斗式挖泥船作为清淤设备。

（2）底泥固化及尾水处理

由于我国土地资源十分紧张，租用农田堆放处理底泥难度较大。如果底泥随意堆放，其中的重金属及持久性有机污染物对周围土壤、地下水而言都是重大环境污染的风险源。为了降低、减轻或消除这类废物本身带来的危害，应尽量资源化利用底泥，最终达到安全处置底泥的目的。

目前我国常用的清淤底泥脱水干化工艺有自然干化法、主动开沟排水干化法、机械脱水法（离心法、板框压滤法、袋式压滤法）、土工管袋法、电渗析法等。考虑玄武湖东南湖底泥的性质以及处理效率，本文选择板框压滤方法作为玄武湖清淤底泥脱水干化工艺，该工艺包括泥浆调蓄、泥浆预浓缩、泥浆快速脱水、尾水净化处理等工艺流程。

3.2 水生植物恢复

湖泊浅水区生态修复主要通过恢复水生植物的方式实现。水生植物通过光合作用吸收 CO_2，并且吸收水体及底泥中的 N 和 P，将它们同化为自身生长所需的物质及结构组成物质，同时向水体释放满足自身呼吸消耗之外多余的氧气，使得植物根际区域形成有利于微生物生长代谢的微环境，促进水体污染物转化，从而达到净化污染水体和生态修复的目的。

湖泊浅水区水生植物主要是指生长在浅水区的沉水、挺水、浮叶植物。

（1）沉水植物是水下生态系统的主要组成部分，它不但能构建优美的“水下森林”景观，而且是实现从浊水态到清水态转变的关键物种。根据玄武湖的区域气候、地质地貌以及周边区域情况，初步选用的沉水植物品种为轮叶黑藻、苦草、微齿眼子菜，其中苦草和微齿眼子菜属于高内稳性植物，黑藻属于低内稳性植物。高内稳性植物在营养相对贫瘠的条件下更有竞争优势，而黑藻作为低内稳性植物具有较强的恢复能力，适合营养盐较丰富的水域。根据水质和底质情况，选择合适的先锋植物和合适的种植时机进行种植。若选择水位比较低、透明度相对较高的时机种植，可选择在玄武湖汛期预降水位期间进行植物重建。若选择轮叶黑藻作为先锋植物，一旦建立起先锋植物群落，就可以加快示范区整体植物群落的恢复。当轮叶黑藻对生态水域的净化达到一定程度后，种植苦草和微齿眼子菜就可以达到更好的景观效果。

研究发现，围隔可强力区隔内外水体，阻断营养盐交流。以围隔内部的水生植物等作为生态修复措施能较长时间持续净化水质。我国太湖、杭州西湖及武汉东湖均设置了围隔进行湖泊水生态修复，并取得了良好的效果。玄武湖水生态修复水域面积共 10 万平方米，沉水植物群落恢复均位于围隔内，生态修复区域内水体透明度达到 1 m，水质稳定维持在Ⅲ类。

（2）挺水植物种类的选择要与景观相协调，以土著种和易维护为原则，部分景观区域可点缀布置观赏性强的物种。挺水植物系统具有净污、抗暴雨冲刷拦截等作用。依据现有的研究成果，挺水植物群落能拦截入河径流夹带的泥沙及其他陆源污染物的25%~62%；生长着挺水植物群落的底泥中氮循环微生物数量大幅度增加，其中陆向辐射区和水位变幅区的反硝化细菌数量分别是硝化细菌数量的10.69倍和8.24倍，反硝化作用强烈，能够显著提高氮元素的去除能力。挺水植物群落能使水中的磷酸盐、有机氮、氨氮和悬浮物分别减少20%，60%，66%和30%。由于玄武湖营养盐丰富，因此应选择根系发达、生长量大、营养生长与生殖生长并存的水生植物进行配置。玄武湖公园内挺水植物品种众多，以本土常见品种黄菖蒲、再力花、梭鱼草等为主，因此在工程设计中引进新品种，如花菖蒲、路易斯安娜鸢尾等，在净化水质的同时，结合景观设计，增强物种的丰富度及观赏性。

（3）浮叶植物可以有效地提高水体的透明度，一般作为沉水植物群落构建的先锋种，浮叶植物的景观效果还可以有效地点缀水面美景。根据区域气候、地质地貌及项目周边区域情况，结合考虑景观效果，选择浮叶植物种类有欧菱、睡莲、荇菜、满江红等。

在植物种植和养护过程中对死亡腐烂的植物要进行收割，防止其形成二次污染及破坏水体景观。

4 城市湖泊湖滨带景观设计

湖滨带是湖泊中水生与陆生生态系统间的过渡地带，具有重要功能。湖滨带是水—陆生态系统间的环状带，由于水的作用，湖滨带存在着明显的生物因素和非生物因素的梯度分布，是一个非均一的开放系统，它遵循耗散结构理论，表现出强烈的异质性，无论在垂直剖面的横向、纵向上，还是在轴向上，均表现出明显的层次结构特点（见图2）。

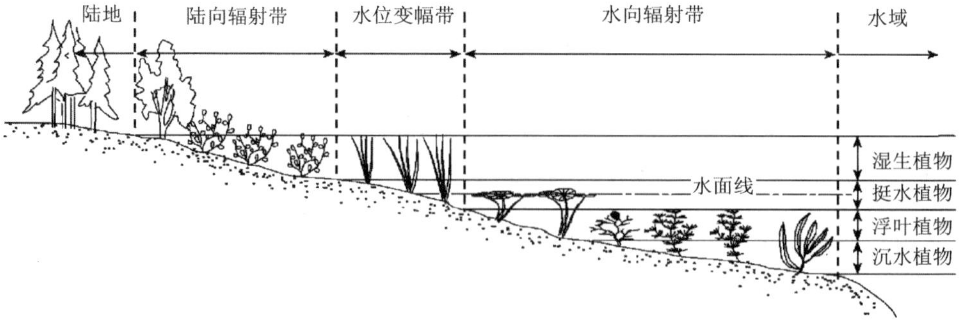

图2 湖滨带层次结构示意图

在湖滨带的景观建造中，有两个核心问题：一是保持亲水性和维护生态系统的完整性之间的矛盾；二是湖滨带水位变化与植物配置方法。这两个问题主要通过搭配挺水、浮水、沉水植物和设计临水栈桥来解决，栈桥随水位呈现错落叠置的变化，水体在栈桥的底部保持相通。

在玄武湖湖滨带景观设计方案中，东南湖翠洲与芳桥之间以亲水为主题，利用新建栈道实现近距离接触，形成挺水植物和浮水植物主导的水生花境。其中，植物和栈道是主景，既能增添观赏性和互动性，又能结合新品种打造乡土生态环境。该区域整体湖面视线开阔，可设置观景平台，以莲花广场及远山为对景，景观视线佳。乡土生态环境区通过分片区集中配置南京本地野生植物群落，以期在 3~5 年内生长构建一类完整的本地生态示范群落形态，10 年内实现植物群落自我更新演替，实现保护生物多样性的建设目标。

5 结语

本文以玄武湖东南湖生态修复为工程案例，提出了生态清淤、水生植物恢复与景观设计相结合的城市湖泊生态修复方法。将生态修复与景观设计相结合是未来城市水体功能恢复和水质改善的技术方向，城市湖泊生态修复和景观设计就是要形成一个“沉水植物—浮水植物—挺水植物—湿生植物—林木—外围景观”交错的生态系统和软质与硬质景观结合的景观格局，这一生态系统具备生态、环境、景观和经济等综合价值。

参考文献

[1] 许朋柱，秦伯强. 太湖湖滨带生态系统退化原因以及恢复与重建设想［J］. 水资源保护，2002，18（3）：31-36.

[2] 黄玉瑶. 内陆水域污染生态学原理与应用［M］. 北京：科学出版社，2001.

[3] 刘永，郭怀成. 城市湖泊生态恢复与景观设计［J］. 城市环境与城市生态，2003，16（6）：51-53.

[4] 王天阳，王国祥. 玄武湖菹草种群空间格局分析及其环境效应［J］. 生态环境，2007，16（6）：1660-1664.

[5] 俞孔坚. 景观：文化、生态与感知［M］. 北京：科学出版社，1998.

[6] 龚春生. 城市小型浅水湖泊内源污染及环保清淤深度研究——以南京玄武湖为例 [D]. 南京：河海大学，2007.

[7] 范成新，钟继承，张路，等. 湖泊底泥环保疏浚决策研究进展与展望 [J]. 湖泊科学，2020，32（5）：1254-1277.

[8] 武博然，柴晓利. 疏浚底泥固化改性与资源化利用技术 [J]. 环境工程学报，2016（1）：335-342.

[9] 王庆. 规模化围隔实验及其对湖泊生态治理的启迪 [D]. 南京：南京大学，2014.

[10] 蔺庆伟. 杭州西湖西进水域沉水植物斑块镶嵌格局优化及稳定化研究 [D]. 新乡：河南师范大学，2015

[11] 侯长定. 抚仙湖湖滨带的生态治理 [J]. 云南环境科学，2002（2）：51-53，64.

[12] 叶春，李春华. 太湖湖滨带现状及生态修复 [M]. 北京：科学出版社，2014.

[13] 俞孔坚，胡海波，李健宏. 水位多变情况下的亲水生态护岸设计——以中山岐江公园为例 [J]. 中国园林，2002（1）：37-38.

GIS 技术在河湖岸线保护与利用规划中的应用

张小芳[1]，宋　玉[2]
(1. 江苏省太湖水利规划设计研究院有限公司扬州分公司；
2. 江苏省工程勘测研究院有限责任公司)

河湖有着巨大的能源作用和环境价值，是自然资源的纽带，也是生态环境、洪水通道的重要组成部分，具有调控河流行洪和维护江河生态平衡的功能。岸线是河湖水陆交汇的带状地段，具有保护河湖安全的重要作用，在特定条件下还具备开发利用的价值，河湖岸线环境保护和开发利用对经济社会可持续发展具有非常关键的意义。为推动对河湖岸线的合理保护和合理使用，积极做好河湖岸线管理工作，应按规定做好河湖岸线保护和使用的规划工作。

江苏省在淮河入江水道岸线保护与利用的规划工作中，选择了科学合理的技术途径，系统梳理了规划区淮河入江水道岸线保护与利用规划的现状以及存在的问题，并根据沿线的实际特点，提出了入江水道岸线保护与利用的规划及实施方案，结合入江水道整治工程，因地制宜设置了内河港口、码头、水源地、湿地及水利生态景点等规划布局内容。

1　GIS 技术及其在岸线规划中的应用

随着社会的进步和科技的发展，地理信息系统（GIS）技术在越来越多的行业得到了应用，其在水利河湖岸线规划中的应用是一次技术推广与创新提升。江苏省工程勘测研究院配合设计单位完成了淮河入江水道河湖岸线保护和利用规划项目，该项目明确要求利用 GIS 等先进的技术手段实现规划成果的演示，建立项目数据库，实现各类功能区、各专业属性和分层分级的查询功能，实现应用效果的三维展示。

GIS 技术是测绘信息系统技术中的一种先进手段，它利用多学科相结合的测量理论，通过先进的设备、现代化的手段和灵活多样的方法，实现了空间结构监测的数字化、信息化和智能化，利用计算机、网络等信息技术完成空间数据及其属性特征资料的收集、管理和研究利用。通过遥感（CNSS）、激光雷达检测（LIDAR）等检测手段，不但能获取地域空间数据（DOM，DEM，DRG，DSM，DLG），还能获取目标物的多样特征研究资料。而 GIS 技术可以展示、处理、分析和描述地表空间特性，以及目标物的动态变化。GIS 具有空间位置、多重属性结构特征和空间时态变化特征，即人们常说的经度、纬度、*X*-*Y* 等坐标系的空间位置、多重属性结构特征（指某个地域中存在着什么样的属性结构和特点），而空间时态变化特征就是指其在时间、空间位置等方面的变化。

测绘资料是反映地物的位置坐标和地形特征变化规律的资料，GIS 则是测绘资料的又一种先进的表现形式。项目组针对 GIS 技术应用于河湖岸线保护和利用规划项目开展技术论证，明确了应用 GIS 技术的“资料收集—现状调研—应用思路分析—关键问题攻关—应用推广”的项目技术路线（见图 1）。

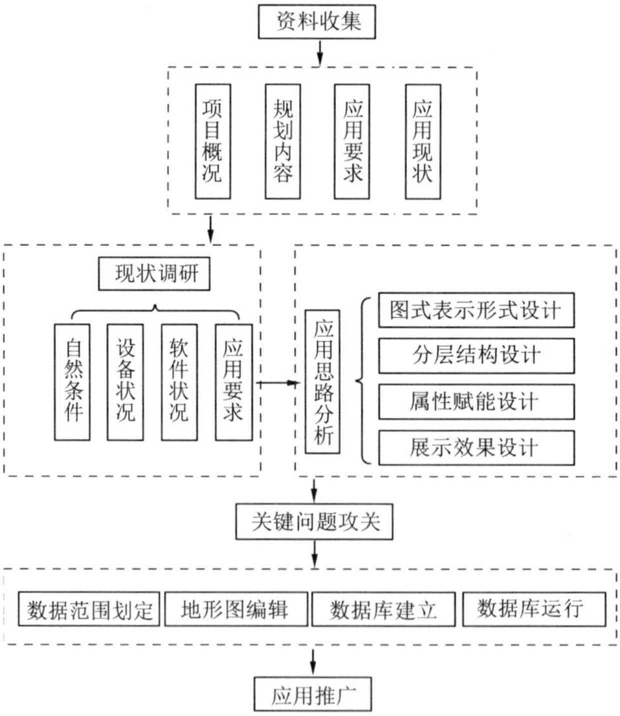

图 1　应用 GIS 的技术线路图

2 GIS 应用于岸线规划的关键技术问题

2.1 划定数据范围

在资料收集和分类汇总的基础上，搜集相关区域已获得批准的城市空间规划及有关建议、各级红线设计实施方案、城市主要职能分区、土地现状的利用规划及分区规划、区域发展战略规划等；搜集淮河流域防洪控制方案、自然资源综合规划、农业流域水资源综合规划等各项规划及其相关资料；搜集与项目设计区岸线地段相关的自然资源地理概况，水文气象资料，人口和经济社会发展情况，以及有关土地、城市、生态资源与环境、航运、水电资源开发利用、岸线保护与管理的情况；搜集河道地质数据，原则上地图资料比例尺不能小于 1∶50 000，大的河段的开发与利用规划时地图比例尺为 1∶5 000 或 1∶2 000；搜集区域岸线的资源开发利用项目信息、生态保护敏感点的有关信息、关键区域岸线管理的相关信息等。在所搜集的信息无法达到设计条件要求时，还应开展相关的补充分析与调查研究工作，对获取的资源进行全面分析评估，完成功能区界定和规划实施方案制定。结合岸线使用和管理工作面临的困难和岸线控制目标，统筹协调防汛、供水、水环境防护、水土保持、航运等相关岸线的维护和管理工作，研究各有关单位及其产业对岸线维护与使用的需求，制定岸线边界线和相关重点功能区规划实施方案。对照国家区域规划中明确的近期发展水平年设计指标和要求，明确各功能区岸线的长期使用、控制和近期维护等任务。规划研究工作要做到与有关领域国民经济和社会发展计划、城市空间计划、红线目标、城市建设计划、国土利用规划、生态与环保一体化计划、水电资源开发使用一体化计划等各类计划之间的衔接和平衡。对在规划制定过程中提出的主要课题、中间结论、最后结果，应再组织专家咨询会、研讨会等进行论证分析，最终确定各功能区规划范围。

2.2 编辑地形图

（1）平面坐标转换：项目工程资料要求采用 2000 国家大地坐标系，因此各岸线区域数据的坐标系要统一换算为 2000 国家大地坐标系。

（2）高程系转换：将各岸线区域地形图的废黄河高程系统统一转换成 1985 国家高程基准。

（3）地形图图式除按标准标示外，还可按规划内容设置特殊图例进行标示。

（4）功能区特征值属性编码：按照水利厅标准信息库的规定进行赋值，超出现有信息库的，可以自行定义，但在使用手册或成果报告中应加以说明。

2.3 建立数据库

（1）首先将相同规划区域、岸线等数据分层，再分别为每个分层建立详细的信息表格。保证面状、线状、点状之间的关系处在正确的规划范围内，各要素码和属性须规范填写。将分类整理好的 CASS 数据分层导入 GIS 系统里。每导入一层就关联对应的表格数据，把表格里的每一列属性挂接到数据库里对应的每一列字段。

（2）检查质量。通过数据预处理进行图形和属性的查询整理，完成面状地物封闭度检测、图元合理性检测、分层和要素检测等整理工作，重点检查数据基本情况、图件内容、特征正确性、逻辑一致性和拓扑相关问题等。

（3）根据系统的数据库规范要求生成集空间数据、属性数据于一体的新系统，形成完整准确的数据库成果。

2.4 数据库出图

河湖岸线保护与利用规划底图出图时，先将需要出图的影像导入 GIS，此时图片没有任何地理信息数据，然后锁定所需河道范围，裁剪不需要的影像（通过缓冲区给定河道范围，再进行缓冲区域内裁剪，保存所需的影像范围）。

画出影像所需的地物特征（水体、高速公路、境界等），将划定规划需要的图层加载，成功导入 GIS 后使用图层标注字体、字体的大小及放置属性，调整数据视图，设置页面大小，调整页面，添加图例后导出地图，最终建立一个规范的水利空间数据底图。

以水利空间数据底图为基础，将数据库中涉水工程基础设施、岸线及主要功能区、自然保护地生态敏感区等作为主要图层，并结合管理区域线、防护区域线等岸线规划分层输出，每层按照特定的颜色、注记、编号准确地分布在空间数据地图中，实现对河湖岸线空间信息内容、服务信息内容的综合汇总，分类展现在数据信息平台上，从而实现河湖信息管理“一张图”的管理目标。图 2 所示为水域功能区划图。

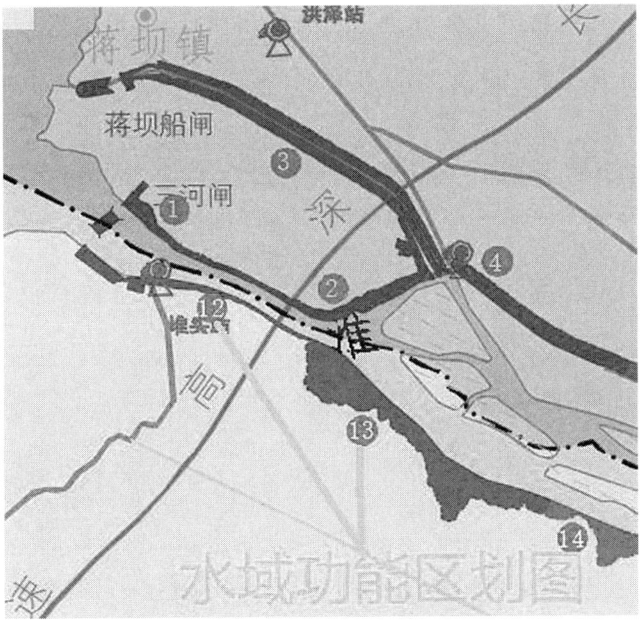

图 2　水域功能区划图

“一张图”式的河湖信息管理能够直接掌握管理对象的区位、数量和空间情况，迅速掌握相应的管理信息，为河湖区域岸线的管理提供信息化保障，促进河湖岸线的资源共享。

3　结语

本文以笔者参加江苏省淮河入江水道河湖岸线保护与利用规划项目的经验为基础，介绍了 GIS 技术在河湖岸线保护与利用规划中发挥的基础性功能作用，GIS 的技术应用与河湖岸线规划之间的相互关联具体表现为数据收集技术、数据处理技术及数据成图技术。在信息化时代，GIS 技术的发展和应用将会对水利规划、设计及管理产生显著的推动作用。

参考文献

［1］郭达志，盛业达，余兆平，等. 地理信息系统基础与应用［M］. 北京：煤炭工业出版社，1997.

［2］杨国录. 河流数学模拟［M］. 武汉：武汉水利电力大学出版社，1996.

［3］陈俊，宫鹏. 实用地理信息系统［M］. 北京：科学出版社，1999.

[4] 廖克. 现代地图学 [M]. 北京：科学出版社，2003.
[5] 祝国瑞. 地图学 [M]. 武汉：武汉大学出版社，2004.

沿海挡潮排涝涵闸运行水位控制分析

颜秉龙[1]，孙传文[1]，李应军[2]，刘恺[1]
（1. 连云港市水利规划设计院有限公司；
2. 江苏省淮沭新河管理处善后闸管理所）

沿海挡潮排涝涵闸位于流域最下游，其控制运行方案关系着流域上下游的排、挡、蓄任务，必须统筹兼顾，做到上下游协调，尽量减少矛盾，充分发挥工程效益。近年来，随着沿海地区经济社会的持续快速发展，区域对水利工程的功能需求、供排水格局及涵闸工情等均发生巨大变化，挡潮排涝涵闸原控制运行规定的闸上水位控制方案已不能适应当前形势下区域经济社会的发展要求，无法充分发挥水利工程的综合效益。

从已取得的研究成果来看，国内对水利工程运行水位的控制分析研究对象主要是内陆水库、平原地区水闸等，对沿海挡潮排涝涵闸运行水位控制的分析研究尚不多见。本文以善后新闸工程为例，通过对其运行控制水位存在的问题、功能需求和限制性因素进行分析，探讨如何在确保流域防洪排涝安全及工程自身安全的前提下，兼顾供水、送水、灌溉、航运等需求，分时段制定沿海挡潮排涝涵闸的运行水位控制方案，充分发挥水利工程的综合效益。

1　善后新闸概况及运行水位控制存在的问题

1.1　涵闸概况

善后新闸位于连云港市东陬山西麓、徐圩新区与灌云县圩丰镇接壤处，为古泊善后河排水入海口门，具有挡潮、排涝、蓄水等功能。该闸建成于1958年6月，共10孔，每孔宽10 m，闸孔净高6 m，弧形钢闸门，设计最大流量1 250 m^3/s；该闸于2000年进行了除险加固，2015年经安全鉴定为二类水闸。

古泊善后河是新沂河以北地区的主要引排水干河，河道西起沭阳县李万公河，向东穿过盐河，至善后新闸，由埒子口入海，全长 77.1 km，担负着沭阳、东海、灌云三县和连云港市海州区部分区域共 1 135.4 km^{2}的排涝任务，是一条具有防洪、排涝、供水、灌溉、航运等综合功能的河道。善后新闸的地理位置及周边水系如图 1 所示。古泊善后河以善后河地表水和徐圩新区送水工程外调水为水源，除为沿线沭阳县、灌云县等提供灌溉用水外，还是徐圩新区唯一的集中式供水水源地和主要送水河道，徐圩新区水厂取水口设置于善后新闸上游约 1 000 m 处的古泊善后河左岸，古泊善后河（叮当河以下段）承担着调引江淮水自新沂河南偏泓、叮当河入河道后，经烧香支河送水入徐圩新区内部的任务。古泊善后河全线均为航道，其中盐河以东为三级航道，盐河以西为四级航道。古泊善后河主要通过下游善后新闸对河道水位、水量等进行控制。

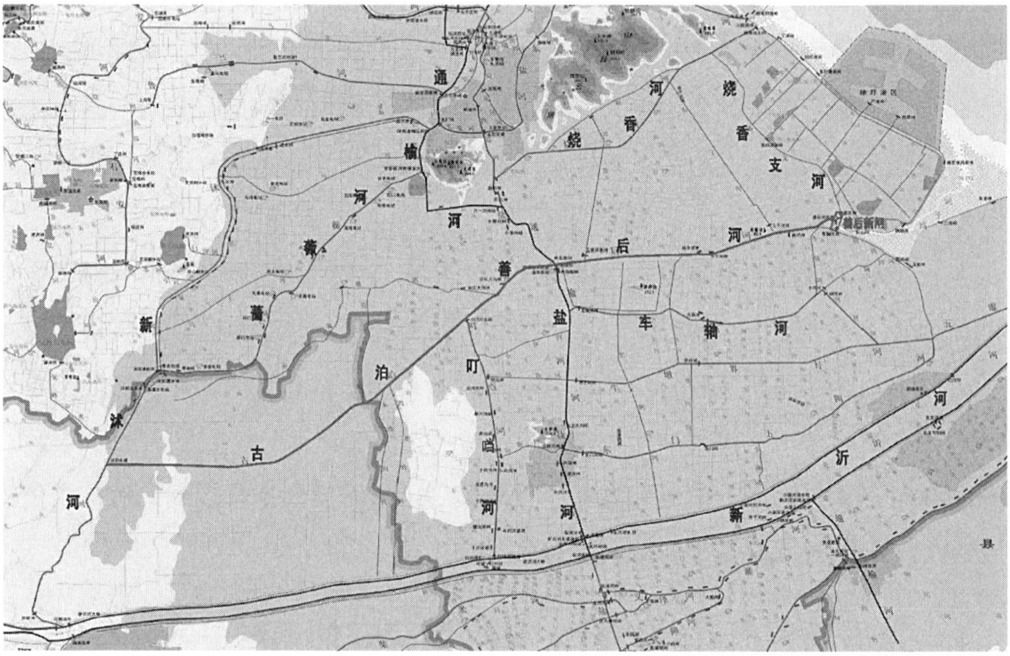

图 1　善后新闸工程的地理位置及周边水系图

1.2　控制运行水位现状及存在的问题

善后新闸的管理单位为江苏省淮沭新河管理处，现状控制运行方案具体如下：

① 排涝期：闸上正常水位控制在 1.2 ~1.4 m。

② 非排涝期：闸上正常水位控制在 1.4~1.6 m；在抗旱期间短时期水位可以略

高一些，但必须征得管理处同意。

善后新闸现状控制运行方案制定于 20 世纪 80 年代，当时主要考虑为区域防洪排涝服务。随着近年来沿线经济社会的持续快速发展，沿河区域对河道的功能需求、供排水格局及水闸工情均已发生巨大变化，善后新闸现状控制运行规定的闸上水位较低，已不能适应河道沿线徐圩新区等区域经济社会的发展要求。为满足当前沿线区域经济社会发展对水资源的需求，统筹防洪减灾与水资源利用，充分发挥既有水利工程的综合效益，迫切需要开展善后新闸工程的运行水位控制分析和优化工作。

2 沿海挡潮排涝涵闸运行水位控制分析

2.1 需求及限制性因素分析

沿海挡潮排涝涵闸的水位控制运行方案需要考虑对其功能的需求及所受的限制性因素进行综合分析、权衡确定。善后新闸运行控制水位方案需要统筹兼顾古泊善后河的防洪、排涝、供水、送水、灌溉、航运等综合功能，根据河道沿线功能需求及水闸自身情况，防洪、排涝、供水、灌溉、航运等功能对古泊善后河的需求、限制情况如下。

（1）防洪、排涝

古泊善后河河道沿线防洪标准为盐河以下左岸 50 年一遇、盐河以下右岸及盐河以上左岸 20 年一遇，排涝标准为近期 5 年一遇、远期 10 年一遇。防洪、排涝功能要求善后新闸的运行控制水位尽量低，这是水闸控制运行的限制性因素。为不影响古泊善后河沿线的防洪排涝，善后新闸控制运行水位调整后的河道沿线排涝水位须控制确保不超过排涝控制水位。

（2）供水

① 水位。古泊善后河为徐圩新区唯一的集中式供水水源地，善后新闸上游约 1 km 处左岸分布有徐圩水厂一期、二期工程取水口，供水保证率为生活供水 97%、工业原水 95%。为确保古泊善后河水源地的水量和水质，供水功能要求善后新闸的运行控制水位应尽可能抬高，为不影响水厂供水，水位应尽可能不低于取水口预警水位。

② 水质。古泊善后河为集中式供水水源地，水质目标为Ⅲ类。古泊善后河下游沿线为平原河网地区，北与烧香河通过云善河、东干河等河道相连，南与车轴河通

过沿线数条南北向大沟相通，区间排涝主要根据周边外河水位情况相机排水。为减少周边农业面源的污染，水源地水质功能要求古泊善后河水位应不低于周边烧香河、车轴河等河道水位，且尽量避免周边排涝及农田退水等向古泊善后河排水。

（3）送水

徐圩新区为典型的资源性缺水地区，本地水资源量有限，江淮水是其用水的主要来源。为保障徐圩新区建设发展对水资源的迫切需求，徐圩新区送水工程近期送水规模为 10 m^3/s，远期送水规模为 15 m^3/s。古泊善后河为徐圩新区送水工程的送水骨干河道，调引江淮水经新沂河南偏泓、叮当河，在善后新闸闸上约 1 km 处的左岸通过新开引河送水入烧香支河。为确保自流引水入烧香支河，送水功能要求善后新闸的运行控制水位应尽可能抬高，送水工况下古泊善后河水位较烧香支河水位高 10 cm 左右，以保证古泊善后河按设计规模送水入烧香支河。

（4）灌溉

古泊善后河沿线为传统的农业区，负责沿线灌云县、海州区、东辛农场等 715 km^2范围内的农田灌溉，农灌用水保证率为 75%。灌溉功能要求善后新闸的运行控制水位尽可能抬高，且水位不能低于灌溉泵站取水口高程。

（5）航运

古泊善后河通航条件较好，盐河以东段规划为三级航道，盐河以西段规划为四级航道。航运功能要求善后新闸的运行控制水位应不高于最高通航水位，且不低于最低通航水位。

综上可知，沿海挡潮排涝涵闸的水位控制运行方案需要在保障防洪排涝及工程自身安全的前提下，从防洪排涝、供水效益、技术可行性等方面对可能的水位控制运行方案进行综合比较分析，从中选出水位控制运行的优化方案，以充分发挥水利工程的综合效益。

由于汛期、非汛期等时段河道沿线的功能需求及所受防洪排涝限制等因素差异巨大，沿海挡潮排涝涵闸的控制运行水位应分时段设定。善后新闸位于苏北地区，当地 5 月及 6 月一般雨量较少且为农灌大用水时期，宜结合雨洪资源蓄水保水；7 月、8 月和 9 月防洪排涝压力较大，应尽量保障区域防洪排涝安全。因此划分出 5 月 1 日至 6 月 30 日、7 月 1 日至 9 月 30 日和其他时间共三个时段，根据各时段特点分别制定善后新闸水位控制运行方案。

2.2 5月1日至6月30日期间控制运行水位

5月1日至6月30日期间既处于汛前期，又处于水稻泡田等农灌高峰期，防洪排涝与水资源利用矛盾突出。善后新闸控制运行水位须统筹兼顾，既要考虑防洪排涝限制因素，又要兼顾古泊善后河沿线对水资源的巨大需求。

根据古泊善后河流域洪涝灾害统计及最高水位发生日期可知，历年来古泊善后河流域洪涝灾害及最高水位大都发生在7月1日以后，7月1日前雨量相对较少且为本地区农灌大用水时期，用水量大且防洪排涝压力相对较小，应在不过分增加防洪排涝压力的前提下结合雨洪资源蓄水保水。

考虑河道沿线经济社会发展对善后河水位水量的需求，为充分发挥工程的综合效益，结合善后新闸水位预降分析计算结果，当预降前控制水位为1.8 m时，24 h预降后，善后新闸闸上水位为1.481 m，虽高于1.4 m控制水位，但相差不大；另外，即使不考虑预降，善后新闸闸上控制水位为1.9 m时，5年一遇及20年一遇情况下河道沿线水位较现状工况（闸上控制水位1.4 m）抬高幅度均控制在0.05 m左右，对古泊善后河沿线防洪排涝影响亦较小。

考虑不过分增加防洪排涝压力，善后新闸5月1日至6月30日期间推荐水位控制在1.8~1.9 m，当有强降雨预报时，应采取提前开闸预降等措施。

2.3 7月1日至9月30日期间控制运行水位

由于古泊善后河现状尚不满足5年一遇排涝、20年一遇防洪的要求，防洪排涝压力较大，因此7月1日至9月30日期间的善后新闸控制运行水位主要考虑防洪排涝限制因素，在基本不增加河道沿线防洪排涝压力的前提下结合其现状优化控制运行方案。

根据善后新闸现状汛期控制水位1.2~1.4 m的运行原则及沂北规划中古泊善后河防洪排涝的起调水位（1.8m），初拟控制水位1.2 m，1.4 m，1.6 m，1.8 m，1.9 m，2.0 m共6个方案。经计算分析，各方案控制水位每抬高0.2 m，古泊善后河沿线洪水位均有所抬高，幅度为0.02~0.03 m，基于确保区域防洪排涝安全的前提要求，考虑7月1日至9月30日期间根据强降雨预报提前预降水位。经计算，预降前善后新闸闸上控制水位为1.6 m时，24 h预降后，闸上水位1.37 m，满足善后新闸预降后闸上控制水位1.2~1.4 m的要求；预降前控制水位为1.8 m时，24 h预降后，善后新闸闸上水位为1.481 m，虽高于闸上控制水位1.4 m，但相差不大；预降前控制水位为 1.9 m 和 2.0 m 时，24 h 预降后，善后新闸闸上水位分别为 1.54 m 和 1.60 m，高于 1.2~1.4 m 的控制水位。即使不考虑预降，善后新闸闸上控制水位 1.6 m，1.8 m 方案情况下，5 年一遇及 20 年一遇河道沿线水位较现状工况（闸上控制水位 1.4 m）抬高幅度也均控制在 0.05 m 以内，对古泊善后河沿线防洪排涝影响较小。

考虑兼顾区域防洪排涝安全及河道沿线经济社会发展对善后河水位水量的需求等因素，善后新闸 7 月 1 日至 9 月 30 日推荐水位控制在 1.6~1.8 m，当有强降雨预报时，需采取提前开闸预降等措施。

2.4　其他时段控制运行水位

其他时段为 10 月 1 日至次年 4 月 30 日，处于非汛期，防洪排涝压力相对较小。经计算，该时段善后新闸可能的水位控制运行方案均不影响古泊善后河沿线的防洪排涝，满足防洪排涝要求。因此，该时段善后新闸控制运行可不受防洪排涝限制，根据河道沿线需求等确定运行水位。

古泊善后河承担河道沿线的防洪排涝、供水、送水、灌溉、航运等任务。其中，防洪排涝功能为水位的限制性因素，拟定的其他时段水位控制方案已满足防洪排涝要求，不受其限制。除防洪排涝外的其他功能对古泊善后河的水位需求如下。

（1）供水

徐圩新区水厂位于善后河的取水泵站取水预警水位为 1.08 m，一旦取水口的水位持续低于 1.08 m，徐圩新区水厂的正常取水将受到影响。

为避免周边农业面源的污染，古泊善后河水位应不低于河网周边烧香河、车轴河等河道水位，且尽量避免周边排涝及农田退水等向古泊善后河排水。烧香河北闸非汛期控制水位为 1.8~2.0 m，汛期控制水位为 1.8~1.9 m，较善后新闸高。为保护古泊善后河水源地的水质，善后新闸控制运行水位应抬高至不低于烧香河北闸控制运行水位。

（2）送水

古泊善后河为向徐圩新区送水的主要送水河道。为满足向下游烧香支河自流送水的要求，正常水位期间古泊善后河（善后河北堤涵洞处）设计送水水位为 1.78 m，当水位低于 1.78 m 时，按设计规模向烧香支河自流送水就会受影响。

（3）灌溉

古泊善后河流域农灌泵站取水口底高程一般在 0.6 m 左右，当水位低于 0.7 m 时，农灌用水就会受影响。

（4）航运

古泊善后河最高通航水位 3.76 m，最低通航水位 1.43 m，河道水位须高于最低通航水位。

综合考虑上述各方因素，古泊善后河其他时段对善后新闸闸上水位的控制要求如表 1 所示。

表 1　其他时段古泊善后河水位控制要求

序号	项目	闸上水位控制要求	对古泊善后河水位要求
1	供水	取水口水位高于 1.08 m，善后新闸控制水位不低于烧香河北闸控制水位	≥1.08 m 不低于 1.8~2.0 m
2	农灌	取水口水位高于 0.70 m	≥0.70 m
3	其他供水	取水口水位高于 0.50 m	≥0.50 m
4	徐圩新区送水	善后河北堤涵洞进口设计水位 1.78 m，烧香支河处设计水位 1.67 m	≥1.78 m
5	航运	古泊善后河最高通航水位为 3.76 m，最低通航水位为 1.43 m	≤3.76 m ≥1.43 m

由上表可见，为满足古泊善后河沿线的水量、水质需求，“善后新闸控制水位不低于烧香河北闸控制水位”为其他时段善后新闸水位的控制因素，因此其他时段善后新闸水位应控制不低于 1.8~2.0 m。

综上所述，善后新闸各时段闸上控制水位：5 月 1 日至 6 月 30 日为 1.8~1.9 m;7 月 1 日至 9 月 30 日为 1.6~1.8 m；其他时间为 1.8~2.0 m；当有强降雨预报时，需采取提前开闸预降水位措施。

3　结语

本文以善后新闸工程为例，分析其控制运行水位存在的问题及功能需求和限制性因素，分时段制定了闸上控制水位：主汛期防洪排涝压力较大，运行水位主要受防洪排涝因素限制，由防洪排涝因素确定；汛前期受农灌用水高峰影响，防洪排涝与水资源利用矛盾突出，控制运行水位既要考虑防洪排涝因素限制，又要兼顾对水资源的需求，须综合考虑确定；非汛期防洪排涝压力较小，运行水位可不受防洪排涝因素限制，根据其功能需求确定。针对上述三个时段特点的分析，本文揭示了如何在确保流域防洪排涝安全的前提下，兼顾供水、送水、灌溉、航运等需求，根据各时段特点优化沿海挡潮排涝涵闸运行水位控制方案的一般性规律。有关分析成果有助于合理确定挡潮排涝涵闸的水位运行方案，充分发挥既有水利工程的综合效益，针对性解决目前诸多涵闸水位控制运行方案制定年代较早、不能适应当前经济社会发展要求的突出问题，同时对其他类似工程具有普遍的参考价值。

参考文献

[1] 陈长奇，赵一晗，赵立梅．江苏沿海地区“十三五”水利规划思路研究[J]．人民长江，2016，47（22）：1-5.

[2] 朱丽向，孙可寅．连云港市沿海开发水利建设重点及发展思路分析[J]．水利规划与设计，2011（3）：3-5，32.

[3] 邵东国，李玮，刘向军，等．抬高水库限水位的洪水资源化利用研究[J]．中国农村水利水电，2004（9）：26-29.

[4] 冯平，韩松，李健．水库调整汛限水位的风险效益综合分析[J]．水利学报，2006，37（4）：451-456.

[5] 王本德，周惠成，张改红．水库汛限水位动态控制方法研究发展现状[J]．南水北调与水利科技，2007，5（3）：43-46.

[6] 蒋海艳．水库汛期分期调度若干问题研究——以广西澄碧河水库为例[D]．南宁：广西大学，2013.

[7] 马海铭．河道水闸综合调度与管理的分析[J]．天津科技，2018，45（11）：16-17，20.

[8] 陈秀华，亓杉．中小型水闸管理与提高防汛抗旱能力分析与对策[J]．江淮水利科技，2018（5）：30-31.

[9] 沈育彬，龚瑞萍，张荣斌．新村沙上下游水闸优化调度运行方案研究[J]．上海水务，2017，33（1）：35-36，46.

[10] 董克宝. 河流型湿地景观环境用水闸坝联合调度研究 [D]. 沈阳：沈阳农业大学，2016.

[11] 毛慧慧. 平原河网地区洪水资源利用问题研究 [D]. 天津：天津大学，2009.

四、水利工程新技术应用案例

数字水利孪生解决方案

水务智慧软件开发及应用

河湖护岸板桩塑钢化技术

生态河湖水利工程景观设计范例

数字水利孪生解决方案

数字水利孪生解决方案是多学科在水利领域融合应用的一门新技术，它解决了水利数字孪生遇到的多方资源统筹难、数据采集不高效、海量数据管理难等问题，为数字孪生流域建设提供了一站式总体解决方案，全面囊括了水利感知网建设、数据底板采集、数据孪生平台搭建以及“2+N”业务应用定制，实现了从数据到业务的全闭环。主要包括以下技术方案：

（1）水利感知网建设。水利感知、数字底板（数据采集）、平台技术一般由多方参与，存在兼容性问题，需统筹协调多方资源一同攻关。对于建设水利感知网，本方案提供了多种感知检测智能传感器，包括大坝安全检测、雨水情检测、水位计、渗压计、智能摄像头等，监测点实际情况通过无线通信在4G、5G或北斗短报文之间进行切换，实时将监测数据传输至数字孪生平台，全场景实现水利感知和智能采集，提供了空、地、水三位一体的全方位感知能力。

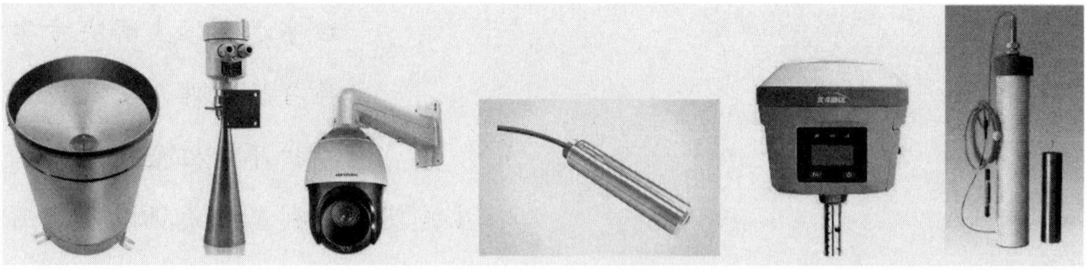

雨量计　水位计　AI视频　渗压计　北斗位移　量水堰计

（2）数字底板采集系统装备。水上、水下全方位的数据采集及常态化更新并非易事，需要高效的数据底板采集装备载体和高性能的智能装备。河流两岸的地形数据采用无人机搭载激光雷达和正射相机进行采集，重点区域采用无人机搭载五镜头相机生成倾斜模型，水下地形数据采用无人船搭载单波束或多波束进行采集，重点水利工程的 BIM 模型则通过设计图纸来实现快速构建。以此实现了从数据到应用的全流程解决方案，免去了多方资源协调之困，解决了后顾之忧。

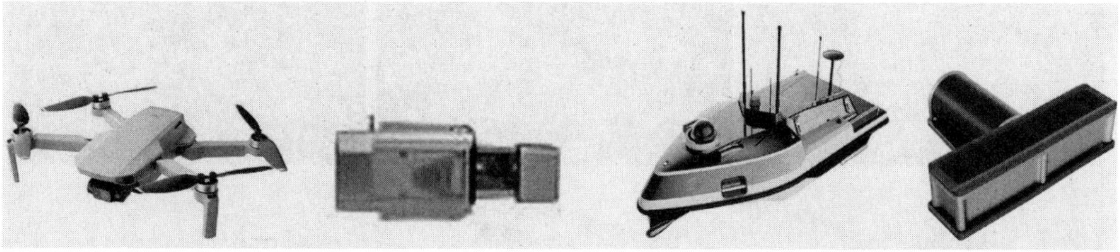

无人机+激光雷达　　　　无人船+多波束

（3）搭建数字孪生平台。将智能传感器测量的水位和流量作为初始条件，将无人船和无人机测量的地形数据作为边界条件，借助专业的水利知识和模型，平台对整个河道实现推演计算，可实现漫滩点计算、淹没仿真、实时洪水模拟、设计洪水推演和历史洪水推演等。

（4）数字孪生流域的数据量是 PB 级的，存在海量数据的加载运用，如果平台不能流畅运行，将严重影响使用体验。因此按需研发了洪水仿真模拟、水雨工情预报、单/多库调度、大坝安全监测的“四预+2N”应用，确保实现方案功能的真实效果。

水利孪生流域解决方案已经在黄河济南段、西营水库、马山县水库等多个地方得到了验证，实现了全场景、全流程、全信息和按需定制，实现了“用精准时空信息构建智能世界”的愿景目标，推进了智慧水利的技术进步。

①黄河济南段数字孪生项目　②西营水库数字孪生平台　③马山县水库数字孪生平台

（以上案例技术介绍由上海华测导航技术有限公司提供）

水务智慧软件开发及应用

“智慧水务”是将信息化技术，特别是研发专业软件，应用于水利工程的设计咨询、建设管理、运行维护、系统集成和企业管理等各环节的技术创新和成果应用。目前有三个技术开发及应用方向：一是数字化产品（工程运行维护系统、工程建设管理系统、数字孪生产品）；二是水利工程信息化系统（设计咨询和系统集成）；三是企业管理和运行数字化系统（企业综合管理、数据管理运用、业务智能化）。

下面简单介绍几个“智慧水务”的典型应用案例。

（1）武定门数字孪生泵站

武定门数字孪生泵站应用智慧水务软件实现了对工程全要素和运行管理全过程进行数字映射、智能模拟、前瞻预演，与物理水利工程同步仿真运行、虚实交互、迭代优化，大幅提升了泵站的调度运行能力和工程管理水平。

（2）小型水库智慧管理平台

小型水库智慧管理平台是针对小型水库管理现代化、精细化、智慧化管理研发的软件产品，能够实现巡查、养护、调度的可视化管理，形成“监管智能、养护规范”的水库管养新模式，提升智慧化管理水平，实现水库动态运行安全全面监管、运行态势分析、巡查管护、物业化运营服务等全面业务支持，确保水库安全稳定运行。

（3）江苏省水利工程建设管理系统

江苏省水利工程建设管理系统通过信息化手段构建了一个管理规范有序、监管高效得力、数据有效共享的水利工程建设管理平台。平台覆盖了建设管理的所有参与方，并协同周边系统，实现了水利工程建设管理的规范化、程序化和自动化，确保建设过程的痕迹化运行，使水利工程建设监管跨入信息化智能化时代。

（4）水下地形河势分析及预警系统

水下地形河势分析及预警系统利用空间数据管理、GIS分析、水文模型、可视化等技术，形成了水下地形数据标准化处理、河势精准分析、智能预警及可视仿真的全流程工作体系。该系统已在长江南京段、镇江段的河势分析、险情预警预测等方面得到了成功应用，在长江生态保护、岸线治理、防汛预警等方面取得了显著成效。

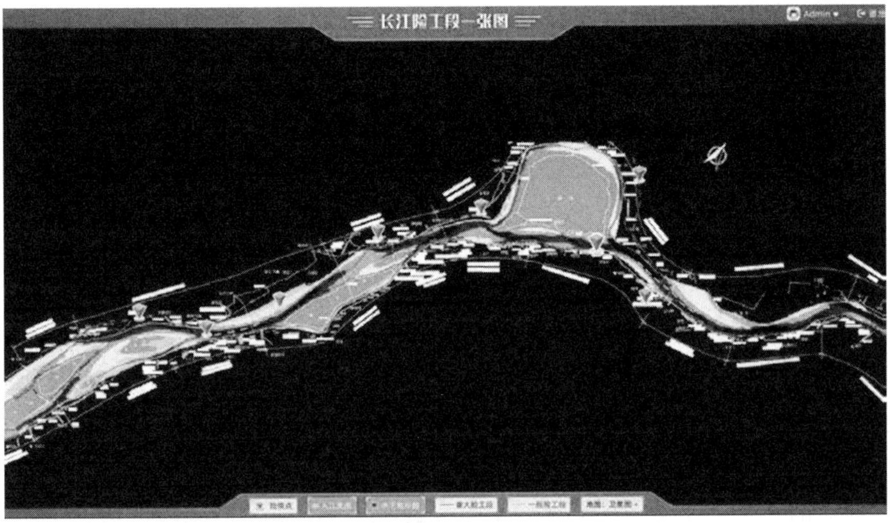

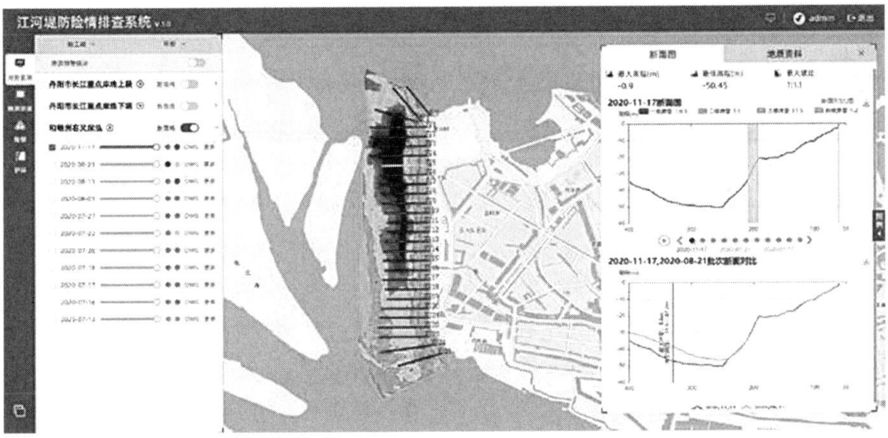

（5）地震安全评价技术服务系统

地震安全评价技术服务系统面向地震监测预报行业，构建了地震活动断层成果的数据管理查询与展示平台，使得信息展示直观翔实，对地震应对工作能做到发生前及时预防、发生时及时响应、发生后及时应对处理。

（6）南京市智慧水务系统

南京市智慧水务系统一期建成了“一网、一图、两中心、四平台、五+N 应用”的水务运管总体架构，二期全面提升了水务智能感知能力，完善了智慧水务业务体系，监管效能明显提升，实现了“设施运行高效规范，安全风险有效防控”。智慧水务系统已成为管理人员的得力助手，引领示范智慧水务建设、稳固全国智慧水务的市级标杆，为新阶段南京水务高质量发展提供了强力驱动。

（7）南水数据中台

南水数据中台是一站式数据整合能力平台和智能应用平台，集数据采集、融通、聚合、算法学习、管理、服务等功能于一体，能够满足数据接入、数据标准、数据治理、数据分析、数据挖掘、数据共享开放等需求，助力政府和企业实现数智化运营。

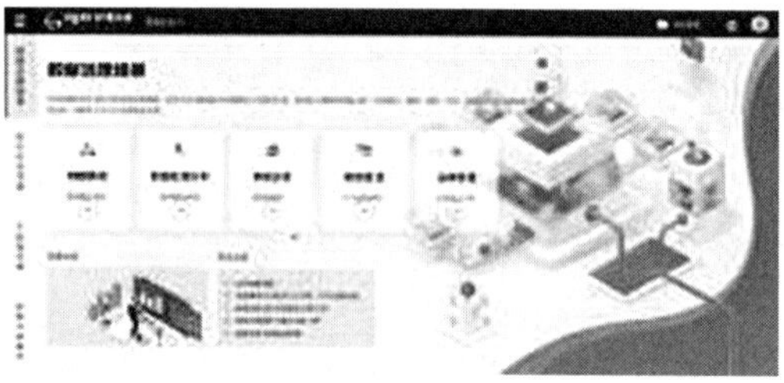

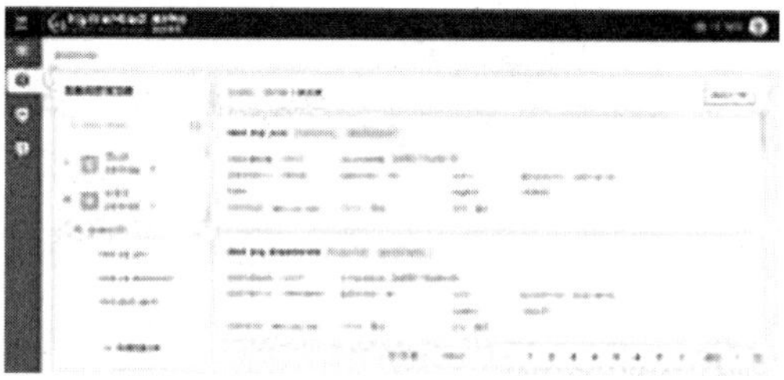

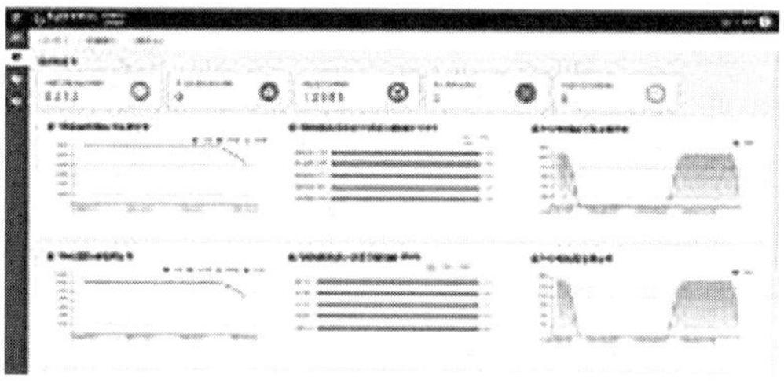

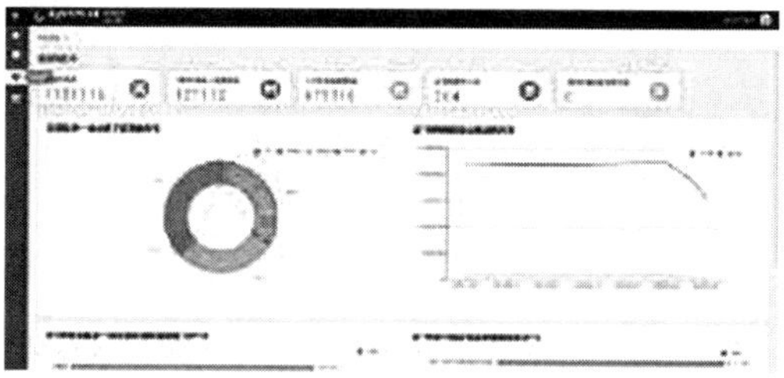

［以上案例由南京市水利规划设计院智慧水务分院（江苏禹数）提供］

河湖护岸板桩塑钢化技术

塑钢化护岸板桩是一种由高强度复合材料经特殊工艺一次挤压成型的新型护岸产品。板桩外形依据物理学原理设计，具有高拉伸强度、高弯曲强度等优异性能。各种部件搭配多向凹凸接头即可组合成为具有连续性、高强度、高抗侧弯性能的新型绿色环保护岸，被广泛应用于防洪及河道整治中的护坡、护岸工程。

塑钢化护岸板桩应用场景

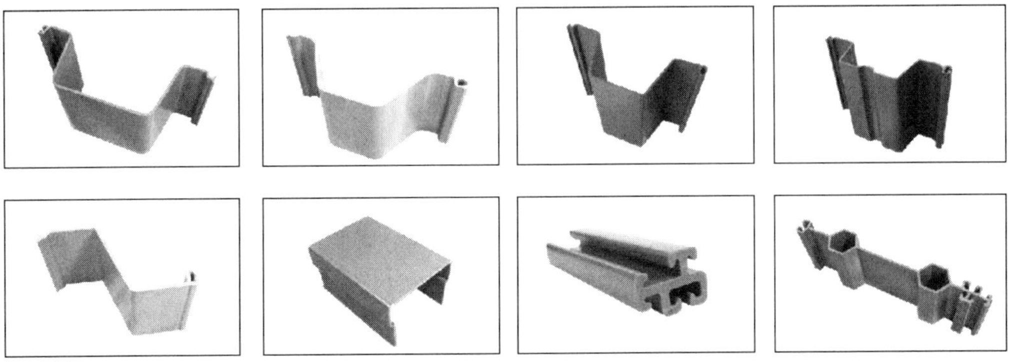

塑钢板桩部件类型

塑钢板桩具有优异的耐酸碱腐蚀等性能，能有效替代传统的钢板桩、混凝土板桩和木板桩等护岸材料，是水利工程项目理想的高强、绿色、低碳、高效的护岸产品。

（以上塑钢板桩的应用介绍由桐乡小老板特种塑料制品有限公司提供）

生态河湖水利工程景观设计范例

太湖绿道景观提升工程（2021 年）

宜兴后梅河美丽河湖工程（2021 年）

无锡马山中心河水环境综合整治工程（2022 年）

宜兴定跨港美丽河湖整治工程（2022 年）

宜兴桃溪河美丽河湖工程（2022 年）

浙江青田县瓯江干流左岸温溪段综合治理工程（2022 年）

（以上范例由江苏汉唐城建设计院有限公司提供）